好治癒
365日
全健行動
手冊

以行動實踐全健生活

香港青年協會近年致力推動青年的「全健發展」。「全健」（wellness）即「全人健康」的概念。我們深信要達至真正健康，每個人都應覺察自身需要，在生活各個層面，包括身體、心理、社交、職業、數碼、環境健康中取得平衡，並能從個人到外界建立良好連繫，活出具意義和滿足感的人生。

持續反覆的疫情，為本地青年帶來生理、心理、學習、工作與人際交往等多方面挑戰。本書提供了365個全健生活行動方案，鼓勵青年每天實踐一個簡易練習，學會以積極態度，全方位地照顧個人健康，強化身心抗逆力；同時裝備充沛力量與外界建立正面連結，在社會營造身心健康氛圍，一同應對複雜多變的環境。

本行動手冊涵蓋值得青年關注的六大全健主題，包括身體、心靈、自然環境、人際關係、生涯規劃及數碼生活。讀者可探索個人現階段的需要，訂立最適合自己的全健目標。例如在社交距離限制措施下感到孤寂及人際支援薄弱，宜優先強化關係層面的健康；面對升學就業抉擇時感到迷惘，可聚焦於職涯健康，找尋自己的興趣、價值觀和人生目標。

本人衷心期盼本書有助讀者找到適合自己的療癒之道，從今天開始實踐全健生活，享受其中的愉悅和意義。

何永昌
香港青年協會總幹事
二零二二年九月

由今天起開展全健旅程

「健康」是人類的共同追求，然而真正的健康不僅僅是生理層面健壯和沒有疾病，還要兼顧其他方面的平衡發展。美國國家健康研究所（National Wellness Institute）提出健康包括身體、精神、智能、社會、職業等不同範疇，且是個人「選擇追求自身最大潛能的發揮和積極實踐的過程」。這種狀態統稱為全健（wellness），亦即是全人健康。

全健涉及生活各方面，對現代人而言，最值得關注的六個全健生活範疇分別為生理、情緒、社交、自然環境、生涯規劃與數碼健康。全健的核心是平衡，各個範疇環環相扣，當你照顧好其中一環，其他層面也會改善。例如做運動除了強身健體，亦有助心情愉快和提升動力。若然不注意人際關係，經常孤立自己或與他人起衝突，除了影響社交健康，亦容易情緒低落。

要達致全健生活，我們可以將自己當成植物般悉心栽種，了解當下的狀態、判斷需要的養分、知道怎樣照顧好自己。正如很多人都知道恆常運動促進身心健康，但如果發高燒時仍然堅持出門運動而不願好好休息，就是沒有因應自身當下的需要作出有智慧的選擇。亦有人為了減壓而不眠不休地打機，影響休息、學習和工作，也非最健康平衡的狀態。

每個人在不同階段對全健的理解與追求皆有分別，最重要是將「全健」融入日常生活，在訂立目標後配合行動、恆常地實踐，才可達成真正的全健狀態，活得更滿足和有意義。

一個簡單行動帶來的改變

全人健康不能單憑空想，必須配合行動才能達成。我們可以將全健概念融入日常生活，訂立個人化且實際可行的行動方案。例如本身不好動的人，在追求生理健康時不用勉強自己天天跑十公里，嘗試每天增加數分鐘運動量，或於飯後站立一會兒幫助消化，日積月累下已能帶來正面變化。

你相信一個簡單舉動能帶來重大改變嗎？試想像這樣一個情境：某位朋友因人生挫折沮喪頹廢了一段日子，獨自宅在混亂的蝸居裡，完全沒動力整理，亦不想運動、不想煮飯、不想約見任何朋友。光呼吸已經很累。

某天他意外地拾起一朵漂亮的花，覺得它和自己一樣孤獨，忽然不希望它未綻放已枯萎，便從塵封的櫃裡找出一個舊花瓶，洗淨後裝了些水，養著這朵花。鮮花為死氣沉沉的家帶來了一點生氣，他想找個乾淨的位置安放花瓶，於是順手簡單收拾桌面。反正都動手了，他一鼓作氣再清空四周雜物，房間那麼小，其實也花不了多少時間。收拾完畢，他洗了個熱水澡，將自己清理乾淨。

經過一番體力勞動，他餓了，為自己煮了簡單晚餐，坐在整理過的桌上，對著鮮花默默吃飯……他心想，房子沒那麼亂了，邀請常嚷著想上來探訪的家人朋友，似乎也沒那麼為難……

生命裡的一些小行動，有時會為人生帶來意想不到的變化。這個小行動可以是帶回一朵鮮花、可以是幾分鐘的運動、可以是用正念享用一杯茶、也可以是開始記錄每日收支……自我療癒是持續不斷的歷程，不用急著跑到終點，只要願意踏出第一步，已能帶動正面改變，亦有機會生出動力多行一段路。

養成全健好習慣之道

一個人的健康狀況很大程度取決於生活中的大小習慣。有些朋友為了促進健康嘗試過許多方法，最終卻因為各種原因而無法養成持續習慣，總是半途而廢。要對全健好習慣持之以恆，可留意以下幾點提示：

- 這個習慣應是**自願和自發**的，而非別人強迫你去做！你清楚自己為何想建立這習慣，並真心渴望其帶來的正面改變

- **每次只專注個別範疇**就足夠，因應你最近的需要和重視的生命主題，先建立一至兩個範疇的好習慣，待習慣成自然後，再去嘗試其他類別

- 每個全健習慣該**由小行動開始**，例如練跑步不能馬上挑戰馬拉松，試著每天跑幾分鐘，慢慢增加練習時間，以免一下子推得太盡，反而影響動力

- 利用工具將**提示視覺化**，可在當眼位置貼字條及在日曆上標記，提醒自己每日要實踐的行動

- **將新的健康習慣與日常習慣綁定**，例如坐車上班時整理手機相片、洗澡時按摩身體、走路時練習正念呼吸，讓新習慣逐漸自動化

- 正所謂近朱者赤，**融入有相同習慣的群體**，彼此結伴同盟，日常互相提醒與監督進度，自然更大機會延續好習慣

- 大腦重視即時回饋，可在培養好習慣的過程中**給予自己各種小獎勵**，例如稱讚自己或買一份喜歡的小禮物，加強堅持下去的動力

- **定期追蹤與檢視成果**，有助深化和鞏固良好習慣。例如減重健身時可拍下自己的前後變化，記錄每日餐單與運動時數，一來可與他人分享心得，發揮正面影響力，二來當你在某段時間疏於自我照顧，失去信心和動力時，回顧一下這些歷程與成就，知道自己若然願意努力便有機會再次做到！

本書使用方法

本書提供了365個實用的全健生活行動提案，不代表你要馬上實踐所有。建議大家先了解自己現階段的需要，訂立當下最適合自己的全健目標。例如留意到自己近期經常上網而影響休息、學習和社交等，可重點改善數碼健康，建立自控的上網態度。

如果你覺得本書的活動太多元化，不知從何開始，可參考以下幾種使用方法：

1 欲針對目前最需要改善的全健範疇建立好習慣，請先完成第10頁的全健指數測試，根據結果閱讀相關篇章

2 若未有特別想改善的範疇，不妨順序從第一星期的練習開始，每天完成一個全健行動（時間充裕的話多試兩三個也沒關係）

3 喜歡隨心而行者，可隨意翻開任何一頁，若對內容有興趣，便完成該頁第一眼看到的練習

4 完成每個行動後，在當天的練習上方標記已完成及寫下行動日期

5 完成整個範疇的練習後，請在該篇章最後的「整理空間」記下個人思緒，記錄自己的好惡和延續習慣的計劃

6 歡迎跳過不感興趣的練習，以及反覆進行喜歡和有共鳴的練習

人生很難時時刻刻保持平衡，最重要是在失衡之中找到方法重建平衡。這本行動手冊的每一個提示看似簡單，部分更可能是老生常談，但只要你願意每天花少許時間全心全意地照顧自己的健康，日子有功下，身心靈和生活各個層面都會變得更加平衡。期望這本書能陪伴各位開展一整年的自我照顧之旅，並建立長遠的個人化全健習慣，有心有力地去實踐你理想中的人生。

目錄

開始之前：
全健指數自評測試

這是第一天的練習！開展自我照顧旅程之前，先了解自己當下的全健狀況。全健生活需要兼顧生理、心理、社交、環境等不同層面的平衡發展，以下表格助你檢視個人各個範疇的表現。請細閱反思問題並評估自己目前的全健指數。

全健範疇	反思問題	自評全健指數 1至10分
善待身體	• 你目前的身體健康狀態理想嗎？ • 你會透過飲食均衡、定期做運動和注意休息等來保持身體健康嗎？	
療癒心靈	• 你會關心自己的情緒變化嗎？ • 當你情緒低落時，能否用恰當的方式表達感受和調節壓力？	
自然環境	• 你日常多機會與大自然接觸嗎？ • 你有否身體力行保護生態與環境？ • 你的生活環境整潔舒適嗎？	
建立關係	• 你有可以信任的家人、長輩和朋友嗎？ • 你願意認識新朋友和加入新的團體嗎？ • 無論獨處或與人共處，你都能感覺自在嗎？	
生涯規劃	• 你是否清楚自己的人生目標與夢想？ • 你會否主動學習不同新知識與技能？ • 你能否按部就班完成計劃好的任務和工作？	
數碼生活	• 你能否善用數碼工具學習及提升生活質素？ • 你能以自控態度使用電腦和手機嗎？ • 你有注意網絡安全嗎？	

全健評分表

根據你自評的全健指數,在下圖相應範疇填色標記分數,令全健指數視覺化!

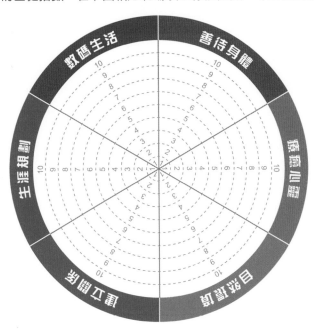

我的全健目標

請在下方填寫你的全健目標,並配合本書的練習於未來一段日子作具體行動。

❶ 請選擇你目前最希望改善的
兩個全健範疇:

　　善待身體　　　療癒心靈

　　自然環境　　　建立關係

　　生涯規劃　　　數碼生活

❷ 你最希望改善這兩個全健範疇
的原因是甚麼?

❸ 未來一年,你會就以上全健範疇訂立哪些行動目標?(例如社交方面希望
擴闊圈子、享受優質社交活動)

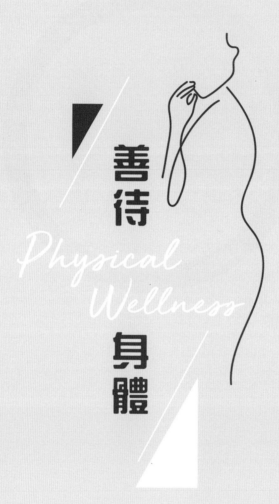

善待

Physical
Wellness

身體

Chapter
01

身體是
陪伴我們一生的戰友
值得悉心照顧
溫柔相待

WEEK

01 了解你當下的身體

你有多了解自己的身體？自出生開始，身體就一直陪伴我們走過風風雨雨，值得好好珍惜與回饋。照顧身體的第一步，就是恆常了解個人生理狀態和訊號。定期到診所進行全身檢查固然是好事，但你可能平均一兩年才預約一次。

為了讓大家持續檢視身體，本星期的練習十分簡單，所需工具亦不多，隨時隨地都可進行。過程中你無需擔心自己的指數是否正常，也不用跟別人比較，每天如實地測量和記錄就可以了。本周完結後，你仍可持續進行這些測試，掌握自己身體在不同時期的變化。

 DAY 1 觀察你的呼吸頻率

吸氣⋯⋯呼氣⋯⋯呼吸是我們活著的證明，也是人類與生俱來的能力。假設某人一分鐘呼吸15次，一年便呼吸了接近800萬次。你平日有留意自己的呼吸嗎？有否感受自己平靜與緊張時的呼吸頻率變化？當我們承受壓力時，呼吸會變得淺而短，甚至不自覺地閉氣。緊張或憤怒時，呼吸或會加快至喘不過氣來。只要觀察呼吸，就能更了解自己的狀態。

ACTION ▌已完成·日期：

① 請取出計時器，在一分鐘內自然地呼吸，觀察自己的呼吸頻率和感覺

② 我在這分鐘呼吸了 ＿＿＿＿＿＿ 次（一呼一吸為一次）

③ 呼吸的時候，我有以下感覺：
　　○ 舒暢　　○ 窒息　　○ 胸悶　　○ 閉氣　　○ 喘氣　　○ 其他＿＿＿

計算心跳次數

心臟非常勤力,每天幾乎24小時不止息地維持我們身體各項機能運作正常。現在很多人會佩戴智能手錶監察日常心跳,這是很好的覺察身體方法。今天的練習沒有智能手錶也可以完成,請用心感受你心臟的跳動,並記錄下來。

ACTION ☐ **已完成.日期:**

靜止心跳次數

_____ 次/分鐘

運動後心跳次數

_____ 次/分鐘

❶ 坐或躺下來,將手放在心口或手腕脈搏位置,靜靜感受自己的心跳,當你捕捉到心跳規律,設定計時器為一分鐘,數算一分鐘內的心跳次數

❷ 如果你目前的身體狀況良好,適宜運動的話,試試原地跑半分鐘,隨後再計算一分鐘內的心跳次數

heartbeat

 測試平衡力

平衡力是一種肢體控制與協調能力,能讓身體活動時保持穩定及預防跌倒。今天就來測試一下自己的平衡力吧!測試時最好靠近牆邊,如站不穩立即扶牆或回復雙腳站立,兒童、孕婦、長者、體弱、易暈眩及行動不便者不宜在非專業人士指示下進行此測試,以免發生意外。

ACTION ☐ **已完成.日期:**

❶ 張開眼睛,單腳站立後計時

維持秒數:

❷ 閉上眼睛,單腳站立後計時

維持秒數:

DAY 4 測試肌肉耐力

沒有恆常運動的朋友未必會留意自己的肌肉力量，如果你目前身體狀況良好，
適宜運動的話，請透過今天的練習測試一下肌肉耐力。

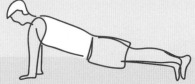

ACTION ▓ 已完成·日期：

❶ **上肢耐力測試**：進行掌上壓（push up）動作（太吃力的話可做屈膝版本）

　 一分鐘內完成次數：＿＿＿＿＿＿

❷ **腹部耐力測試**：進行仰臥起坐（sit up）動作

　 一分鐘內完成次數：＿＿＿＿＿＿

❸ **下肢耐力測試**：背部靠牆，如坐椅子般蹲下，大腿與地面平行，維持不動

　 維持不動時間：＿＿＿＿＿＿ 秒

 DAY 5 量度體重

你對自己的體重掌握嗎？成年以後一般人的體重會相對穩定，若突然落差太大
便需要留意。定期磅重可了解體重變化和及早管理，即使上磅後發現並非你理
想中的數字，也別加上太多負面標籤，如實地面對自己目前的體重吧！

ACTION ▓ 已完成·日期：

My ＿＿＿＿＿ 磅 / 公斤 *body weight*

量度身體尺寸

身體各部位的尺寸是重要的監察指標,定期量度有助了解生理變化,也方便購買更合身的衣服。今天來仔細量度你現時的尺寸,沒有軟尺的話,用繩量度後再用直尺計算也可以。請誠實面對自己,量腰圍的時候可別偷偷收腹呀!

■ 已完成·日期:

肩　寬		手臂圍	
胸　圍		上腰圍	
下腰圍		臀　圍	
大腿圍		小腿圍	

記錄飲食習慣

飲食與身體健康息息相關,現代人常因為忙碌而飲食不定時,又或習慣用手機送飯,對自己吃了甚麼、吃得飽不飽缺乏意識,形成進食過量或過少的問題。今天請仔細觀察自己的飲食內容,並以下表記錄。

■ 已完成·日期:

類　別	時　間	飲　食　內　容	飲　水　量	飽　腹　度
早　餐				
午　餐				
下午茶				
晚　餐				

WEEK

02 實踐健康飲食

飲食除了是基本生存需要，也直接影響生理健康，
吃對了能防治疾病，吃錯了則足以致病。良好飲食
習慣包括多吃新鮮天然食材、少吃加工垃圾食品，
規律用餐並注意均衡營養；別忘了同時保持彈性，
畢竟每個人有不同食物喜好，如對某些健康食材極度反感，
不必勉強進食。富營養的食物甚多，只需從中挑選自己相對喜歡的食物，
用心享受，已能為身體帶來好處。另外還要留意個人體質，部分有益食材可
能令某些人產生過敏和不適反應，請多觀察自己對不同食物的反應，再明智
選擇合適的食物。

DAY 1 享用全形食物的一天

全形食物即是天然、未經加工精製和保持原貌的食物，例如瓜菜水果、豆類和
果仁等，含有豐富營養，是大自然贈送的禮物。我們有時因為壓力而渴望進食
薯片、即食麵、煙肉香腸等過分加工的食物，滿足了一時口腹之慾，卻會為身
體帶來負擔。今天請盡量避開加工食物，投入全形食物的懷抱吧！

 ▌已完成·日期：

全形食物例子：蘋果、西蘭花、番茄、焗番薯、藜麥、原粒果仁、蒸魚
加工食物例子：蘋果批、薯片、香腸、肉醬、午餐肉、汽水、珍珠奶茶

我今天選擇了的全形食物：

DAY 2 按季節時令進食

「不時不食」是古人的養生智慧，意思是人應按四季時節的規律進食。每種蔬果都有最適合生長的季節，食用當季新鮮食物，例如夏天吃西瓜消暑、秋天吃梨潤肺，有助調養體質。今天請順應自然，享用新鮮的當季食材！

ACTION ■ 已完成・日期：

請到街市選擇本地當季新鮮食材加進餐點中，以下是一些靈感：

春 菠菜、士多啤梨	**夏** 冬瓜、西瓜、綠豆	**秋** 秋葵、梨、南瓜	**冬** 白蘿蔔、薑、芋頭

現在的季節是：⬚⬚⬚⬚

我選擇了的當季食材：⬚⬚⬚⬚

 DAY 3 採用天然調味料

很多朋友覺得吃得健康等同清淡乏味，看到已沒胃口了！其實很多天然調味料都能令餐點色香味俱全，燒雞加入檸檬汁和迷迭香、焗雜菜鋪上鮮茄茸、炒蘑菇灑點黑椒、蒸海鮮搭配薑蔥蒜⋯⋯全都低糖、低鈉又美味。

ACTION ■ 已完成・日期：

天然調味料例子（請在你今天的菜單中加一點）：

① **香草類** 百里香、迷迭香、薄荷、羅勒、月桂葉、檸檬葉

② **蔬菜類** 番茄、南瓜、洋蔥、甘筍、薑、蔥、芫茜、蒜頭

③ **水果類** 檸檬、橙、菠蘿、芒果、木瓜、士多啤梨、無花果

④ **香料類** 胡椒、辣椒、八角、薑黃粉、孜然粉、肉桂粉

閱讀食物營養標籤

購買包裝食物的時候，你有否仔細閱讀上方的成分和營養標籤，了解自己將會放進口的東西？追求健康的朋友，若看到配料全是味精、人造色素、防腐劑等化合物，又或營養成分表顯示高脂、高糖、高鈉，請考慮放下再選吧！

ACTION ☐ 已完成·日期：

拿起一款包裝食物，仔細閱讀成分和營養標籤，在下方記錄：

食品名稱： 成分 / 配料：	**Nutrition Information 營養資料**

 少吃加工糖

糖果、蛋糕這類精緻甜點在許多人眼中是振奮心情的救星，想用甜蜜味道來中和內心的苦。但吸收過多精製糖分，好心情只能維持瞬間，之後會因血糖快上快落而情緒波動和容易疲倦，還會導致肥胖和皮膚老化。今天請減少進食加工糖，減輕身體的「甜蜜負擔」吧！

ACTION ☐ 已完成·日期：

請將以下行動納入你今天的減糖計劃：

➊ 準備享用任何包裝食物飲品前，先檢視營養標籤中的含糖量

➋ 不喝任何含糖飲品，以白開水、無糖檸水或花茶取代

➌ 不吃任何精製甜品，若想吃甜的，可進食兩份新鮮水果

　　◯ 我有減少進食加工糖

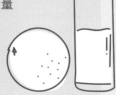

注意飲食順序

每餐除了關心自己有沒有均衡地吸收碳水化合物、蛋白質和膳食纖維等營養，還可調整個人飲食順序，嘗試先吃高纖蔬菜菇菌，再吃豆與肉類等含蛋白質與脂肪的食物，最後才吃飯麵等澱粉質，有助控制血糖及避免過量進食。

 **已完成 · 日期：**

嘗試調整你的飲食順序為：

1 蔬菜／菇菌 ➡ **2** 豆／魚／蛋／肉 ➡ **3** 飯／麵

我今天的飲食順序：

 自訂健康飲食計劃

制定健康飲食計劃的前提是尊重個人實際情況和意願，我們可為自己設計具彈性的飲食方案，才能持之以恆地實踐下去。例如未能全面茹素者嘗試每周茹素一天、無法在家中預備健康飯盒仍可在外選擇有提供健康餐點的食店。

 已完成 · 日期：

以下哪個健康飲食計劃較適合自己？

○ 每日最少一餐吃得健康　　　　　○ 每星期最少一日吃得健康

○ 每星期最少三日吃得健康　　　　○ 全天候吃得健康

為自己訂立一個較具體及可實踐的健康飲食計劃：

03 一周彩虹飲食

平日進食的時候，你會著重不同顏色的配搭嗎？色彩繽紛的天然食材不但賞心悦目，令人用餐時心情變好，各種顏色食材也富含多元營養素，為我們的健康加分。部分紅色食材如番茄、西瓜含有茄紅素，能提高免疫力和預防心血管疾病。在藍莓、紫薯、茄子等紫色食物中常見的花青素則有護眼、延緩皮膚衰老的功效。

近年流行的彩虹飲食法，鼓勵大家兼顧進食紅、橙、黃、綠、紫、黑、白色的七彩食物，充分吸收營養。如果未能在一餐之中集齊所有顏色，不妨有意識地每天選擇最少一種顏色的天然食物，一星期後便能吃出一道彩虹了！

 DAY 1 ## 熱情如火的紅色

紅色給人的感覺是熱情和充滿活力，進食時可想像源源不絕的能量輸進你的血管和心臟。許多紅色蔬果富含茄紅素與胡蘿蔔素，是強大的抗氧化劑，能減低癌症風險，維持心血管健康及預防心臟與前列腺等方面的疾病。

ACTION ▌**已完成·日期：**

❶ 我今天選擇了的紅色天然食材：

- ◯ 番茄
- ◯ 紅椒
- ◯ 紅菜頭
- ◯ 士多啤梨
- ◯ 蘋果
- ◯ 西柚
- ◯ 西瓜
- ◯ 其他：_____

❷ 我的感覺：

DAY 2　溫暖歡樂的橙色

橙色讓人感到溫暖歡樂，今天請懷著愉快的心情將帶有甜味的橙色蔬果加進餐點中。橙色食材中常見的胡蘿蔔素可轉化成維他命A，保持視力、皮膚、喉嚨與腸胃黏膜的健康。

ACTION　☐ **已完成·日期：**

1 我今天選擇了的橙色天然食材：

- ○ 橙
- ○ 芒果
- ○ 木瓜
- ○ 哈密瓜
- ○ 甘荀
- ○ 番薯
- ○ 南瓜
- ○ 其他：_____

2 我的感覺：

DAY 3　明亮積極的黃色

黃色象徵光明與希望，進食時可想像溫暖的陽光照射身體、注入正面的能量。許多黃色食材同樣存在具抗氧化作用的胡蘿蔔素，而檸檬、黃椒和金奇異果等蔬果中含豐富維他命C，能防治壞血病和維持免疫系統正常運作。

ACTION　☐ **已完成·日期：**

1 我今天選擇了的黃色天然食材：

- ○ 檸檬
- ○ 香蕉
- ○ 菠蘿
- ○ 金奇異果
- ○ 薯仔
- ○ 黃椒
- ○ 粟米
- ○ 其他：_____

2 我的感覺：

DAY 4 自然療癒的綠色

綠色是樹葉草地的顏色，感覺生機蓬勃，今天就讓綠色食物滋養身心。多種綠葉蔬菜如菠菜和西蘭花含有葉酸和葉黃素，前者是製造紅血球的重要物質，有助預防貧血，也能促進胎兒健康發育，而後者則是天然的護眼營養素。

ACTION

已完成·日期：

1 我今天選擇了的綠色天然食材：

- ○ 綠葉蔬菜
- ○ 青豆
- ○ 節瓜
- ○ 青瓜
- ○ 奇異果
- ○ 牛油果
- ○ 開心果
- ○ 其他：_____

2 我的感覺：

DAY 5 神秘高貴的藍紫色

自然界中藍和紫色的食材並不常見，給人神秘和高貴的感覺。花青素賦予蔬果美麗獨特的紫藍色，這種天然抗氧化劑有助延緩衰老與保護細胞免受損害，亦對改善認知能力及預防心血管疾病起積極作用。

ACTION

已完成·日期：

1 我今天選擇了的藍紫色天然食材：

- ○ 藍莓
- ○ 西梅
- ○ 葡萄
- ○ 無花果
- ○ 茄子
- ○ 紫薯
- ○ 紫洋蔥
- ○ 其他：_____

2 我的感覺：

DAY 6 純淨無瑕的白色

白色像天使一樣給人安定與純淨的感覺,今天請吃一些天然的白色食物淨化身心。白色食材的營養素多元化,例如帶辛辣味的洋蔥和蒜頭富含大蒜素,有助殺菌及消除疲勞;椰菜花與白蘿蔔有多種植物素,具抗氧化作用。

ACTION　■ 已完成‧日期:

1 我今天選擇了的白色天然食材:

- 雪梨
- 洋蔥
- 蒜頭
- 白蘿蔔
- 山藥
- 雪耳
- 白蘑菇
- 其他:_____

2 我的感覺:

DAY 7 沉實穩重的黑色

雖然黑色予人嚴肅與沉實之感,未必像其他色彩鮮艷的食物那樣具吸引力,但黑色系食材的營養價值也不容忽視。許多黑色植物同樣富含具抗氧化作用的花青素;此外,黑豆、黑芝麻、黑木耳等食材含有豐富鐵質,具補血效果。

ACTION　■ 已完成‧日期:

1 我今天選擇了的黑色天然食材:

- 黑豆
- 黑芝麻
- 冬菇
- 黑木耳
- 黑橄欖
- 黑桑子
- 奇亞籽
- 其他:_____

2 我的感覺:

WEEK

04 運動幾分鐘也好

運動有益身心人所共知,揮灑汗水換來的滿足感更是無與倫比。不過對於超級大忙人和不愛運動的朋友而言,運動意味著要更換衫褲鞋襪、出門下樓、再走到運動場等一系列功夫,之後還要大汗淋漓地走回家,光想像就夠累了。結果他們決定一動不如一靜,繼續默默抱著電腦手機不放。

如果運動給你的感覺十分麻煩,那便設法令運動變輕鬆!並非只有在田徑上跑10公里、在泳池游1小時,才算得上運動。在你閱讀這段文字的時候,坐著抬腿或站起來原地踏步3分鐘,實際上也在動,日積月累下可為身體帶來好處,總勝過完全不動。今個星期的目標是讓沒運動習慣的人衝破心理限制,每天願意多動一點點。你準備好了嗎?

DAY 1 坐著抬腿

現代人長期對著手機和電腦,養成久坐不動的習慣。今天的任務非常簡單,就是坐在椅子上輪流抬起雙腿,這動作可放鬆腿筋及改善下肢血液循環,大家坐著看手機或電腦也隨時可以做。

ACTION ▓ **已完成·日期:**

1 坐在椅子上,背部挺直,雙腳踏在地上

2 抬起一隻腳,直至膝蓋伸直,腳尖往身體方向收緊;維持動作兩秒,放下腳,然後另一隻腳重複相同動作,雙腳輪流抬起1分鐘

3 雙腳一同抬起伸直,上下來回踢腿,別碰到地面,維持1分鐘

DAY 2　原地踏步

現代人無論是生活太忙碌或太悠閒，很多時都習慣全天候與座椅融為一體。長期坐著會危害身體，提高心臟病、糖尿病、腰椎肌肉疼痛和肥胖等風險。別讓誘人的椅子逐步侵蝕你的健康，請習慣每小時最少站起來一次，做些簡單的原地踏步動作，讓自己動一動吧！

ACTION　█ 已完成·日期：

1 在許可的情況下設置鬧鐘或在桌面貼上標貼，提示自己每小時站起來最少一次，原地踏步3分鐘，步速隨意

2 你可趁機轉動身體、伸懶腰和拉筋，或到廚房倒杯水補充水分

3 反正都站起來了，不如再多站幾分鐘才坐下吧！

 DAY 3　步行500步

假如你不喜歡跑步、游水、踩單車，日常步行也是理想的帶氧運動。專家建議我們每日行走8,000至10,000步來強身健體，很多人未必能達到，疫情期間在家學習和工作的人，甚至連每天100步也走不夠。別想那麼多，現在馬上花聽一首歌的時間，步行500步，無論外出或在家都能輕易做到。

ACTION　█ 已完成·日期：

1 無論你在家裡或戶外，都可以抽約5分鐘時間，步行500步

2 從你喜歡的歌曲清單中選擇一首時長5分鐘的歌，邊聽邊走

3 好好感受手腳擺動帶來的微風與活力

4 若選擇以快走和慢走交替進行，能進一步增加腿部肌肉力量

DAY 4　貼牆蹲坐

背靠著牆，猶如坐椅子般蹲坐，可以有效鍛鍊腿部、臀部和核心肌群。初時練習會感到腿部非常痠軟抖個不停，可能連10秒都支撐不了。只要恆常練習，待身體適應和肌肉力量增加後便可逐漸延長訓練時間。

ACTION　■ 已完成·日期：

❶ 緊貼牆壁站直，雙腳與肩同寬

❷ 身體慢慢往下，雙腳往前移動兩三步，動作猶如坐椅子般，直至大腿與地面成水平幅度，維持半分鐘或以上

❸ 留意膝部別超過腳尖，背及臀部也要一直緊貼著牆

 DAY 5　開合跳

當你想運動一下而缺乏靈感，開合跳（jumping jack）是理想的全身運動。雙手雙腳有節奏地開開合合，就能在短時間內提高心率，有助消耗熱量和促進心肺功能。運動新手若連做幾分鐘開合跳，或會心跳過快呼吸不順，可每次做半分鐘，休息10秒後再進行下一個循環！

ACTION　■ 已完成·日期：

❶ 熱身後，雙手自然地放在身旁。往上跳躍時，雙腳向外張開，雙手同時向上舉高，在頭頂上方位置拍手

❷ 腳落地時輕微屈膝，減少對膝蓋的衝擊，雙手放回身體兩旁

❸ 跳30秒，休息10秒，再繼續下個循環，自行決定何時停下。完成後別忘了伸展及按摩四肢肌肉

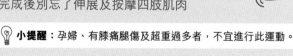

💡 **小提醒：**孕婦、有膝痛腿傷及超重過多者，不宜進行此運動。

DAY 6 **手臂運動**

我們前幾天做了很多腿部運動,是時候活動一下手臂!很多人平日手部最常做的動作是使用手機,無法鍛鍊手臂位置,只要向前向後輪流轉動雙手,就能紓緩肩膀與手部緊張,持續練習還可收緊手臂線條。

ACTION ■ **已完成·日期:**

1 雙手舉至大約肩膀位置,往兩邊伸直,掌心向下

2 手臂向前方轉圈50次

3 手臂向後方轉圈50次

 DAY 7 **自選運動組合**

經過前幾天的嘗試,你應該了解到自己比較喜歡(或起碼不抗拒)做哪些簡易動作。今天請集合4款本篇提及過或你自選的運動,留意這些動作應該是無空間和道具限制及相對簡易的,然後一次過進行4組,充分活動身體!

ACTION ■ **已完成·日期:**

將你選擇的4個運動動作名稱分別填在下方空格

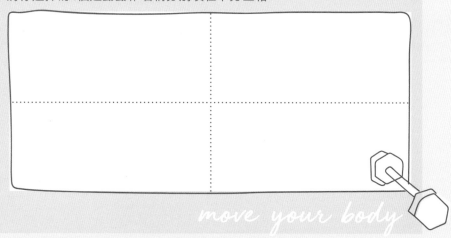

move your body

WEEK

05 紓緩肌肉緊張

當我們完成高強度運動、在電腦桌前埋首工作久坐不動、長期維持不良姿勢，又或處於高壓狀態等，都會造成肌肉繃緊疲勞，甚至出現痛症，影響身體靈活度與活動能力。

我們可透過各部位的伸展運動、鬆弛練習、按摩和溫暖身體等方法，紓緩緊張的肌肉及改善關節活動幅度，讓身心皆處於放鬆舒適的狀態，亦有助減少出現關節僵硬和肌肉痛症的風險。

 DAY 1 進行身體掃描

今天請花點時間，靜下來用心觀察身體的感覺，了解目前身體哪些部位的肌肉比較緊張與疼痛，之後便可以針對該部位進行放鬆練習。

ACTION 已完成·日期：

1 以舒適姿勢坐著或躺著，閉上眼睛，慢慢深呼吸

2 細心感受身體從頭到腳的感覺，有沒有哪個部位特別繃緊、疼痛或麻痺？
在下方標記這些部位，並以文字描述具體感覺

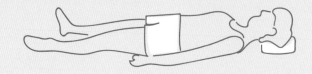

DAY 2 肩頸伸展運動

經常看手機的低頭族，若然連續數小時維持著肩頸收緊的動作，很容易造成頸梗膊痛。今天請活動一下你的肩頸，回復肌肉彈性。

ACTION ☐ **已完成·日期：**

頸：臉望前方，慢慢轉望左邊，維持5秒，回到正面，再轉往右邊，維持5秒，回到正面，重複進行5次

肩：雙手伸直舉高交握，手心朝上，往後方稍作拉伸，收緊肩胛骨，維持20秒後放下手，然後肩膀往前後方轉動各10次

 DAY 3 肌肉鬆弛練習

我們有時因為生活壓力而長期處於緊張戒備狀態，全身肌肉在不知不覺間繃緊僵硬起來。肌肉鬆弛練習讓我們保持對肌肉收緊與放鬆的覺察力，知道如何放鬆繃緊的肌肉，能為身心紓壓。

ACTION ☐ **已完成·日期：**

① 放鬆身體，閉上眼睛，將注意力集中到雙手

② 雙手用力握拳，感受到拳頭和前臂繃緊的張力

③ 默數5秒後，跟自己說一聲「放鬆」，然後慢慢放鬆拳頭，感受手掌和手臂放鬆的感覺，享受緊張過後的鬆弛

④ 可以在身體其他部位進行此練習

DAY 4 推牆拉伸小腿

因久坐不動而令腰部肌肉僵硬及下肢血液循環不佳的朋友,很適合進行這練習。每天鍛鍊有效伸展腿部,增強關節柔軟度,並能緩和腰痛。

 已完成·日期:

1 雙手按在牆上,前腳屈曲成90度,後腿伸直至有拉伸感

2 雙腳腳尖向前,留意兩隻腳底都要完全碰到地面著地,前腳的膝蓋不可超越腳尖

3 雙手向前推5次,維持推牆動作1分鐘,換腿後繼續拉伸

 DAY 5 睡前腿部伸展動作

經過一天的勞累,做了那麼多事、走了那麼多路,可在睡覺前花數分鐘時間,好好伸展雙腿,讓身體變柔軟和促進血液循環,晚上會睡得更好!

 已完成·日期:

坐在瑜伽墊上,雙腳往外打開,上半身慢慢向前壓半分鐘,感受到雙腿充分拉伸,身體返回原來位置,放鬆

這次換作雙腳腳掌往內相貼,上半身慢慢往下壓半分鐘,感受到雙腿充分拉伸,身體返回原來位置,放鬆

💡 **小提醒:**注意腰背伸直,並循序漸進地伸展。

DAY 6　像貓一樣伸懶腰

今天的練習是貓式伸展，像愛睡覺的貓一樣伸懶腰，能放鬆肩頸與伸展繃緊的背肌，睡前練習還可改善睡眠質素。

ACTION　☐ 已完成·日期：

> 💡 **小提醒**：頸腰受過傷的朋友應避免做這動作

1 跪在瑜伽墊上，手腳同時撐地，雙腳與肩膀同寬，頭朝下方

2 吸氣、呼氣，慢慢往前伸直雙手，這時背部往下，
臀部拱起，下巴和胸部貼近地面，
繼續吸氣、呼氣，維持動作20秒

 ## DAY 7　溫暖你的身體

肌肉疲勞緊張時，在痠痛部位貼上暖貼，或浸泡一會熱水浴，能促進血液循環和刺激副交感神經，使身心得到放鬆。如果沒有浴缸設備或想節約用水，用暖水泡腳也有不錯的放鬆與養生功效。

ACTION　☐ 已完成·日期：

> 💡 **小提醒**：身體發炎或有傷口請勿進行熱敷與浸浴

今天你可選擇以下行動來溫暖身體：

1 在肌肉痠痛或疲勞的位置貼上溫熱貼

2 用大約42℃的溫水浸浴10至15分鐘，盡情享受吧！

3 亦可選擇以42℃的溫水泡腳10至15分鐘

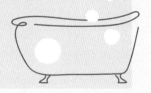

WEEK 06 讓身體上下閃閃發亮

提到每個人身上最閃亮的地方，無疑是頭髮、皮膚與雙眼——若然它們正處於健康狀態的話。富有光澤的頭髮、透亮有彈性的皮膚、炯炯有神的雙眼，除了為外表加分，也反映出身體內部健康水平良好。

護理身體並非女性的專利，無論你孰男孰女、是否注重外表、年輕抑或成熟，都值得花一點心思來滋養個人髮膚與靈魂之窗。要提升髮質、膚質及令眼神明亮，不一定要使用昂貴的護理產品。只要注意一些生活上的習慣，內外兼顧地保養，就能讓身體經常保持最佳狀態，愈來愈明亮自信！

DAY 1 認認真真地梳頭

你平日花多少時間梳頭？10秒？半分鐘？抑或早上總是匆忙出門根本沒梳過頭？每天花點時間認真地梳頭，能促進頭皮的健康與血液循環，髮絲會顯得更柔順與豐盈。日常用梳按摩頭部的經絡穴位，還能提神與紓緩壓力。

ACTION ▐ 已完成·日期：

今天請花3分鐘時間認真地梳頭！可留意以下提示：

❶ 早上、洗髮前與睡前是梳頭好時機，盡量別在濕髮時梳頭

❷ 先用雙手指腹在頭頂來回按壓打圈約半分鐘，以手當梳輕輕理順頭髮與打結處，避免用力扯傷頭髮

❸ 選擇品質較好及梳齒不太尖的梳，從前額劉海與兩鬢位置梳到頭頂中央，再從頭頂中央及兩側向髮尾位置梳順

DAY 2 **熱敷眼睛**

現代人花很多時間看電子產品，加上長期睡眠休息不足，雙眼經常感覺疲勞乾澀，眼神也在不知不覺間變得黯淡無光。今天請給你的雙眼一點溫暖和愛，重現眼中的光芒。

ACTION ☐ **已完成·日期：**

💡 **小提醒：** 眼部發炎、敏感或腫痛的時候請勿熱敷

❶ 安排一段無人打擾的休息時間，用市面上很容易買到的溫熱眼膜敷在雙眼上，閉目養神15分鐘

❷ 若無溫熱眼膜，可選擇洗淨及抹乾雙手後，快速摩擦雙掌至發熱，再以掌心覆蓋眼部，也有紓緩之用

 DAY 3 **按明目穴位**

有時看書或對手機久了，眼球會有受壓和脹痛的感覺，長遠更可能引發眼疾。眼睛附近有許多穴位，適當地按壓可紓緩眼壓、放鬆眼部肌肉，令眼神變得更明亮清澈。今天一同來認識這幾個明目的穴位吧！

ACTION ☐ **已完成·日期：**

💡 **小提醒：** 請勿用力按壓以免誤傷眼球

用指腹或指節輕按以下幾個明目穴位，合共3分鐘：

❶ **睛明穴：** 內眼角稍上方凹陷處

❷ **攢竹穴：** 眉毛內側凹陷處

❸ **魚腰穴：** 眉毛中央凹陷處

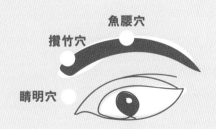

DAY 4 進行一次全身護膚

很多人著重臉部保養，畢竟我們照鏡最容易看到自己的臉，但別忘了護養全身的肌膚，避免乾燥脫皮的情況。平日要留意別用過熱的水洗澡，並定期在洗澡後進行簡單的身體護理程序，讓全身肌膚都得到滋潤！

ACTION ■ 已完成・日期：

今天請參考以下步驟滋潤全身肌膚：

1 用溫水洗澡後以毛巾輕輕抹乾身體

2 塗上適合自己膚質的護膚用品鎖住水分，分量不用太多

3 溫柔地塗抹全身，按壓打圈幫助皮膚吸收，要特別照顧平時容易忽略的地方，例如肩膀、後背、手肘和腳跟位置

 DAY 5 護理雙手與指甲

指甲邊緣有時因為天氣乾燥而出現倒刺，若然一不留神撕掉倒刺，會令指甲附近的皮膚受傷與疼痛。今天請花一點時間進行手部護理，滋潤雙手肌膚與強化指甲，有助預防與緩和倒刺。

ACTION ■ 已完成・日期：

護理指甲步驟：

1 用溫水洗淨雙手後，輕輕印乾水分

2 隨即塗抹護手霜，按摩掌心、手背和手指

3 假如你常長倒刺，可用少許天然油（嬰兒油、橄欖油、茶樹油或椰子油等）抹在指甲邊緣按摩，待其吸收與自然風乾

DAY 6　進食美肌護髮明目食物

無論用上多昂貴高質的護理用品，假如經常進食油炸、高糖、高鹽、精製加工和不符合體質的食物，身體內外很難維持最健康的狀態。許多天然食物所含營養素具有美肌、護膚或明目的功效，均衡進食便能讓氣色變得更好！

ACTION ■ 已完成·日期：

今天請選擇一些護養身體的食物：

美肌	護髮	明目
番茄、檸檬、綠茶、豆漿、豆腐、三文魚、綠葉蔬菜等	黑豆、黑芝麻、牛油果、雞蛋、杏仁、核桃、燕麥等	杞子、菊花、藍莓、菠菜、甘筍、南瓜、粟米、糙米等

💡 **小提醒**：如對某些食物有過敏反應請勿食用

 ## DAY 7　清潔個人護理工具

大家有沒有定期清潔個人護理用品的習慣？像髮梳、毛巾、護膚品與化妝工具等，如果沒有恆常清潔或保存不良，隨時滋生細菌，造成肌膚敏感發炎，因此必須妥善整理，別讓身體遭受無妄之災！

ACTION ■ 已完成·日期：

❶ 將梳、毛巾、化妝工具集中起來，徹底清潔及風乾

❷ 檢視所有護理產品，將過期、變味及保存狀況不理想的棄掉

❸ 在護理用品上貼標貼註明開封及使用期限，以免放至過期

❹ 每次使用護膚品及化妝品前都潔淨雙手，預防用品被細菌污染

WEEK 07 實踐養生之道

養生之道似乎是長者才關注的學問，其實任何年紀的人都適宜學習養生。當你主動建立有利健康的良好習慣，即使是簡單如飲水和眺望遠方的動作，只要是為了促進健康而做，已體現出自愛及對生命的尊重。

最基本的養生法不外乎吃得好、動得多、睡得足，因此本章列舉的多種行動都能助你養生。本周為大家額外介紹一系列簡單易做的養生保健習慣，邀請你每天試做一種。你未必需要天天實行所有養生方法，只要在嘗試過後，將你覺得最輕鬆、有趣和貼近個人需要的融入生活便可。

DAY 1　掌握飲水的學問

每天喝多少水才足夠？我們需要考慮不同指標來調節飲水量。健康成年人每日喝水量約為體重（公斤）乘以30毫升，並要視乎氣候和活動量增減（上限一般為3,000毫升內），心腎功能異常及長期病患的喝水量則要遵從醫囑。

ACTION ▌已完成·日期：

正確飲水方法：

1 起床後先喝一杯暖水，促進腸胃蠕動

2 每隔一兩小時補充水分，不待口乾才喝水

3 分次慢慢喝水，別一次灌太多，以免尿頻

4 不以咖啡、茶、可樂和酒等代替清水

5 睡前一小時內別喝太多水，可小口呷水

記錄今天的飲水量

DAY 2 活動你的舌頭

日常進食和交談都有機會活動舌頭，但現代人進食較不注重細嚼慢嚥，說話也不在意字正腔圓，舌頭肌肉可能會逐漸衰退，日後引起進食吞嚥困難及其他身體問題。今天試試有意識地活動你的舌頭吧！

ACTION ☐ 已完成·日期：

1. **觀察舌頭動作**：先讀出一段文字，過程中盡量減少舌頭活動幅度，感受發音特點；再刻意字正腔圓地說同一段字，觀察舌頭動作及發音變化

2. **舌頭操**：以舌頭緊貼牙肉，在口腔內順時針方向慢轉15圈，再逆時針慢轉15圈，讓舌頭變得更有力，亦有助預防口腔發炎和消減法令紋

💡 **小提醒**：做這練習時請專注舌頭的動作，小心別咬到舌頭

 DAY 3 細嚼慢嚥享受食物

細嚼慢嚥有利消化與吸收、避免哽塞和減慢血糖上升速度。咀嚼時分泌的口水還會傳遞飽足感予大腦，讓我們不會無意識地過量進食，能夠控制體重。今天請延長用餐時間，預留最少20分鐘慢慢品嚐食物。

ACTION ☐ 已完成·日期：

1. 預留最少20分鐘專注用餐

2. 每口食物最少咀嚼20次才吞下去

3. 口動手不動，咀嚼時不要夾取下一口食物

4. 刻意放慢進食速度，留意身體感覺，感到八分飽時便放下餐具，停止進食

記錄你今天的餐點	咀嚼次數：
	飽腹度：

DAY 4　遙望遠方保護視力

當你長時間看書、看手機和電腦，雙眼慢慢會感覺疲勞，那是因為一直盯著近距離的影像，眼球的睫狀肌處於收縮繃緊狀態，久而久之會影響視力。在看書及任何數碼產品的時候，請覺察雙眼的狀態，每隔一小時眺望遠處的物品和風景，有助紓緩眼睛疲勞和保護視力。

ACTION　■ 已完成·日期：

❶ 請花3至5分鐘，盡量往最遠的地方看

❷ 不用刻意緊盯某一點，只需自然地眺望遠方範圍就可以了，無論你是看山、看海、看天空或樓景都沒關係

❸ 可設定鬧鐘，每小時提示自己遠望一次

DAY 5　飯後簡單活動一下

我們都知道吃飽後別馬上運動，否則容易引起消化不良或腹痛不適，但用餐後一直坐著躺著不動，會令人腸胃飽脹及困倦無力。飯後可先安坐10分鐘，再站起來稍微活動一下身體，有助調節血糖、提神醒腦與幫助消化。

ACTION　■ 已完成·日期：

今天用餐後安坐10分鐘後，可參考以下例子進行一些輕鬆活動：

❶ 站立5分鐘，原地緩慢踏步；如環境許可，可貼牆站立5分鐘

❷ 踮起腳尖後以腳跟落地30次，有助減慢血糖上升和強化骨骼

❸ 散步15分鐘幫助消化，留意步速不用太快

❹ 做一點家務，像收拾飯枱、洗碗和倒垃圾

邊踏步邊動腦

雖然我們常提倡要多專注眼前活動，別總是一心多用，但刻意將某些活動合併進行也有益健康，例如每天抽時間在原地踏步或走路時進行簡單思考練習，有助活化腦部、提升記憶力及預防認知障礙，無論對學生或長者都有好處。

已完成·日期：

① **練習一：** 在室內邊原地踏步邊計數，例如由147開始往下減7直至0

② **練習二：** 在室內來回走動的同時進行文字接龍，例如天藍→藍圖

③ **日常練習：** 習慣以後，平日走在公園、屋苑區域等人車稀少的路上，可獨自或與人結伴練習，並隨心自訂題目，例如全班同學的名字、城市和街道名稱、喜愛的電影歌曲等，便能在鍛鍊身體的同時活化腦部

 閉眼單腳站立

身體機能正常的情況下單腳站立應該輕而易舉，若被要求閉上眼測試，失去視覺訊號輔助，要保持平衡便困難得多。閉眼單腳站立又稱金雞獨立，是很好的養生練習，除了鍛鍊下肢肌肉，也有助增強專注力和身體平衡協調能力。

已完成·日期：

💡 **小提醒：** 體弱者、老人家及孕婦請勿單獨練習，行動前宜諮詢醫生意見

① 兩手放在身側，閉上眼以單腳站立，專注在腳掌與小腿上

② 默數或哼歌一分鐘，換另一隻腳站立，繼續閉眼一分鐘

③ 練習初期只能閉眼單腳站數秒屬正常情況，初學者請在靠近牆身位置練習，搖搖欲墜時可輕扶牆或張開眼，定神後繼續練習

08 建立助眠好習慣

「求之不得，寤寐思服。悠哉悠哉，輾轉反側。」──
《詩經·關雎》。睡覺是人的本能，但早在二千年前，先
人也會因為思慮過多，而在晚上翻來覆去睡不著。來到
現代，人們的日常任務和娛樂節目急增，更是一再推遲
睡眠時間，甚至長期睡眠不足，無法為身心充電。
我們一生將近三分一時間在睡眠中度過。規律而優質的睡眠能復元身體機能，
減輕患上心臟病、糖尿病、情緒病和注意力下降等風險。本周就讓我們建立
助眠與提升睡眠質素的良好習慣。

DAY 1 起床後接觸陽光

古人日出而作，日入而息，光線是晝夜節律的自然調節器。早上起來後盡快到
戶外曬太陽，或開窗凝望外面風景，吸收自然光線，告訴大腦新的一天已經開
始，有助調節生理時鐘和褪黑激素分泌，由待機狀態轉換成啟動模式，在白天
更有活力，到晚上則會睡得更好。

ACTION ▌已完成·日期：

昨天上床 / 入睡時間	醒來次數	今天起床時間	睡眠質素
			☺ ☹

今天醒來後別賴在床上看手機，快拉開窗簾，凝望天空兩分鐘，或盡快出門
曬日光浴，由陽光啟動你的生理時鐘，迎接新的一天！

💡 **小提醒：** 可設置響鬧鐘聲為「是時候曬太陽了」或在窗前貼標語提示自己

DAY 2 助眠飲食習慣

飲食習慣會影響睡眠，例如晚上吃得過飽及飲用提神飲品會令人精神亢奮，較難入睡；而適量地進食優質蛋白與維他命B豐富的食物則可幫助睡眠。

ACTION ■ 已完成·日期：

昨天上床 / 入睡時間	醒來次數	今天起床時間	睡眠質素
			☺ ☹

✓ **進食以下助眠食物：**

- 綠葉蔬菜　　● 果仁　　● 深海魚
- 優質蛋白　　● 香蕉　　● 奇異果
- 全麥製品　　● 櫻桃　　● 洋甘菊茶

✕ **避免以下飲食習慣：**

- 睡前吃太飽 / 太餓 / 喝太多水
- 睡前喝咖啡 / 茶 / 酒
- 晚餐吃濃味和易脹氣食物

DAY 3 營造舒適睡眠環境

睡覺環境的光線、聲音、溫度、氣味和整齊度等，都會影響我們的睡眠質素。重點是就寢時要減少外界干擾，並清楚劃分睡覺與學習、工作、娛樂的空間，避免在睡床上看手機、學習與處理公事。

ACTION ■ 已完成·日期：

昨天上床 / 入睡時間	醒來次數	今天起床時間	睡眠質素
			☺ ☹

✓ **優質睡眠環境清單：**

- 保持睡房黑暗　　● 安靜少噪音
- 手機調至無聲　　● 不會過冷過熱
- 房間乾淨整齊　　● 床單枕袋清潔

✕ **避免以下干擾：**

- 開燈或開著電視睡覺
- 睡前在床上看手機
- 在床上進食、工作和運動

DAY 4 選擇睡前儀式

建立一套適合自己的睡前儀式，例如每日睡前半小時洗澡、拉筋、祈禱、寫日記、喝暖牛奶、聽輕柔音樂等，釋放一整天緊張的情緒。養成習慣後，每當你做這些事情，大腦便知道「是時候睡覺了」，更容易產生睡意。

ACTION　已完成 · 日期：

昨天上床 / 入睡時間	醒來次數	今天起床時間	睡眠質素
			😊 😞

我今天會嘗試進行的睡前儀式：

 DAY 5 深度放鬆練習

睡前進行深度放鬆，將注意力放在身體各部位，配合正念呼吸，讓身心完全放鬆，可以睡得更安穩。即使無法入睡，這練習也能助你好好休息、補充能量。

ACTION　已完成 · 日期：

昨天上床 / 入睡時間	醒來次數	今天起床時間	睡眠質素
			😊 😞

深度放鬆步驟：

❶ 以舒服姿勢躺在床上，感受身體與床墊接觸，想像身體愈來愈輕

❷ 慢慢地吸氣，緩緩地呼氣，吸氣時腹部隆起，呼氣時腹部縮下去

❸ 將注意力放在身體各部位，由頭部到雙腳，讓每個部位得到關懷

❹ 接納腦海浮現的念頭，繼續將注意力放在呼吸和身體上

DAY 6 **進行呼吸練習**

情緒壓力會改變睡眠結構，令人容易半夜驚醒，然後眼光光等天光。若每次睡前都思潮起伏，想著過去與未來的事，身心會進入備戰狀態，自然更睡不著。這時可進行簡單的呼吸練習，將自己帶回當下，安心入睡。

ACTION ■ 已完成·日期：

昨天上床 / 入睡時間	醒來次數	今天起床時間	睡眠質素
			☺ ☹

睡前和半夜醒來可進行4-4-8呼吸練習，有助調節自律神經：

1 放鬆肩膊與身體，慢慢吸氣4秒，感受腹部微微上升

2 慢慢憋氣4秒，腹部維持不動（注意別繃緊身體）

3 慢慢呼氣8秒，感受腹部下降

 DAY 7 **記錄睡眠模式**

前幾天我們記錄了每日的睡眠狀況，助你了解個人入睡時間與品質。今天請繼續填寫睡眠資料，並訂立睡眠目標。假如試了許多助眠方法依然無效，請勿過分焦慮，容許自己閉目養神。有時候，不勉強入睡，反而更容易入睡！

ACTION ■ 已完成·日期：

昨天上床 / 入睡時間	醒來次數	今天起床時間	睡眠質素
			☺ ☹

我想改變的睡眠習慣：	我理想的就寢時間：
	我理想的起床時間：

CHAPTER ONE

整理空間

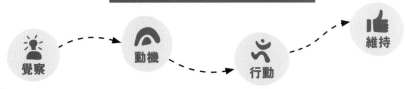

健康習慣養成之路……

覺察 → 動機 → 行動 → 維持

邀請你在這空間整理思緒，儲備動力將最近嘗試的健康行動轉化成持久習慣！

本章介紹了一系列善待身體的練習，請記錄你嘗試過的行動。

列出本章中你最喜歡的三個練習，請說明進行練習後的感覺。

哪些行動是你有興趣但未嘗試的？你打算何時行動？

哪些行動是你目前沒有興趣嘗試的？為甚麼？

你覺得維持生理健康的最大障礙是甚麼？

你會嘗試將本章節哪些行動融入日常生活中？

你會用哪些方法幫助自己持之以恆地實踐這些良好習慣？

給自己的 **提醒**

療癒

Emotional Wellness

心靈

Chapter

02

覺察、表達與回應

內心需要

培養心理自癒力

09 接納每一種情緒

你會否努力追求快樂的感受，而不自覺地抗拒悲傷、憤怒、害怕和寂寞等所謂的負面情緒？每種情緒都有重要的功能和意義，悲傷反映我們對失去人事物的珍惜、恐懼提醒我們避開危險。接納當下每一種情緒，便能探聽與回應內心的真實需要。

保持情緒健康不代表要時刻保持愉快心情，當你明明想哭卻強忍淚水、明明生氣卻偽裝笑臉，反而阻礙情緒自如流動，形成難以解開的心結。這星期讓我們放下對情緒的一些偏見與壓抑，學習與情緒共處，了解它們的意義和訊息，再透過不同練習調適感受、療癒心靈。

DAY 1 畫下快樂回憶

快樂的瞬間，我們感覺滿足、美好，常會以真切笑容表達內心喜悅。每個人快樂的原因都不一樣：品嚐美味的食物、與喜歡的人相聚、努力過後達成夢想、幫助到有需要的人，或者單純感覺到自己仍在呼吸，都可以令人快樂。嘗試欣賞不同形式的美好，珍惜此刻擁有的一切，快樂或許早已在身邊。

ACTION ▊ 已完成·日期：

你最深刻的快樂經歷是甚麼？畫下你人生不同階段的快樂回憶！

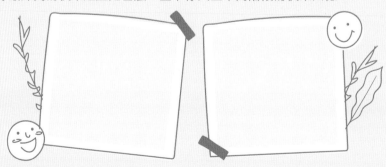

DAY 2　接受悲傷的眼淚

當我們失去重要的人、重視的事物和價值，難免感到悲傷。悲傷無形，卻很沉重，承受悲傷時整個人像是失去力量，禁不住心中或眼中的淚水湧現。每一滴悲傷的眼淚都盛載了感情和回憶，反映心中對失去人事物的珍惜。我們無需壓抑悲傷的感覺，嘗試接受感情豐富的自己，再好好安撫內心的傷痕。

ACTION　☐ 已完成·日期：

❶ 放慢呼吸，為淚滴填上
　柔和顏色，想像淚水沖
　淡心中悲傷

❷ 在下方畫上幾朵喜歡的
　小花，象徵心靈成長與
　新的可能性

 DAY 3　憤怒的火山

當我們遇上不如意的事，或個人權益受到侵犯，可能會感到生氣、憤怒甚至暴躁，內心像有團火即將爆發。不必急著勸自己別生氣，反而該好好關心自己此刻為何如此憤怒，理解並回應內在的呼喊，才能為情緒降溫。

ACTION　☐ 已完成·日期：

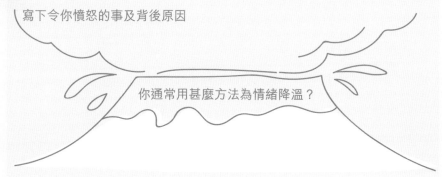

寫下令你憤怒的事及背後原因

你通常用甚麼方法為情緒降溫？

DAY 4　擁抱內心的寂寞

無論獨處抑或身處人群之中，假如感覺無人關心與明白自己，心底不禁湧現寂寞感，有點冰冷、有點空虛。寂寞感提醒你是時候與他人建立健康聯繫，亦可學習跟自己作伴，好好關愛和照顧內心，取得力量與寂寞和平共處。

ACTION　▊ 已完成·日期：

獨樂樂	眾樂樂
（寫下你享受的獨處時光）	（寫下你享受的群體活動）
行動建議：給自己一個溫暖擁抱	行動建議：主動關心一位朋友

 DAY 5　直面你的恐懼

恐懼感是提醒人類避開危險的警報訊號。面對害怕的事情，人的本能反應是逃得遠遠的，然而現實中令人恐懼的事情有時並非逃離就能解決。當你有勇氣直面內心恐懼，無形的畏懼就會變得明朗，讓你有機會做好準備。請寫下心中害怕的一切，放進盒子裡好好保管，日後可隨時檢視與更新你的恐懼清單。

ACTION　▊ 已完成·日期：

盡情寫下你害怕的事情，放在恐懼盒子裡吧！

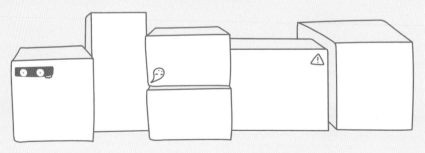

DAY 6 讓後悔成為人生導師

當我們做錯了一些選擇，或會後悔不已，希望時光倒流，回到起點再選。可是時間軌跡一直向前，無法改變過去，不如藉著後悔這種感覺，提醒自己別再重蹈覆轍，往後要做更適合的決定，然後放眼未來，重新出發。

已完成·日期：

❶ 試回想一件令你後悔的事

❷ 你對這件事有甚麼反思？

❸ 日後如何避免再為同類事情後悔？

 ## DAY 7 讓平靜湖水沉澱思緒

平靜是心情平穩的狀態，卻非毫無感覺，受外界刺激時仍會泛起漣漪。然而眼淚會流盡、怒火會熄滅、恐懼會消除，坦然接受各種情緒的出現，觀察內在感受根源與流向，知道無論事大事小，一切終將過去，就能回歸平靜。

已完成·日期：

凝望下圖，想像自己像湖水一樣，內心有空間接納各種情緒的來去

10 一周心情筆記

滿腹心事不知向何人傾訴，甚至連自己也一片混沌，說不清楚內在感受與思緒？此時可嘗試書寫內心感受，整頓零散的念頭。你出現了哪些情緒？情緒從何而來？你希望怎麼做？過程中不必擔心受到他人批判，也就無需刻意迴避或修飾，可以直抒心聲。

書寫是訓練組織力的上佳方法，就像將雜亂線團解開並編織成紋理清晰的網。突然被要求每天在白紙上寫出心事，或許不知道從何說起。因此本星期的練習會提供一些引導句子助你表達當下與過去的感受，空間不夠的話，請自備筆記簿，亦可利用手機輸入或錄音形式自由抒發心情。若心中埋藏的事情需要高度保密，勿忘在書寫或錄音釋放秘密後收好或銷毀！

DAY 1　讓你困擾的事情

遇到短期內無法解決的難題，內心像被一團混亂繩網困住，覺得苦惱困擾，但又擺脫不了。先找出讓你困擾的源頭，待身心狀態較為理想時，再逐步解決。

ACTION 　已完成·日期：

1 今天我覺得 　　　　　　 因為

2 最近令我比較困擾的事情

3 我初步打算這樣做

DAY 2 **抒發委屈的心情**

當一個人被欺負、被冤枉、被虧待，而又無法解釋清楚、據理力爭的時候，難免感到委屈。別壓抑成內傷了，給自己一個機會好好抒發委屈的感受。

ACTION ☐ **已完成·日期：**

1 今天我覺得 ⬜ 因為

2 有件事曾令我感到委屈

3 我想這樣安慰受了委屈的自己

 DAY 3 **失望的瞬間**

我們都試過對某人或某事充滿希望，結果未能如願而失望，就如一盤冷水倒頭淋，熄滅內心的火苗。讓自己調適一下心情，再燃起新的希望！

ACTION ☐ **已完成·日期：**

1 今天我覺得 因為

2 有一次，我真的感到很失望

3 我應對失望的方法是

DAY 4 心累的時刻

有時心底會湧現一種疲累感，無論休息多久，累的感覺依然散不開，整個人提不起勁。心靈和身體同樣需要休息，請為心靈充電，好好放鬆休息。

ACTION ☐ 已完成·日期：

1 今天我覺得 ☐☐☐☐ 因為 ☐☐☐☐☐☐☐☐☐

2 有次我真的感到心累

3 對我來說，最有效的心靈充電方式是

 DAY 5 記憶與遺忘

有些事無論過了多久，依然記憶猶新，有些事卻在時間洪流中，被刻意或不經意地遺忘。今天就來書寫你記得清與記不清的事情吧！

ACTION ☐ 已完成·日期：

1 今天我覺得 ☐☐☐☐ 因為 ☐☐☐☐☐☐☐☐☐

2 我記得

3 我已經記不清

DAY 6 ## 發現生活裡的改變

生命一直在流動，即使感覺生活一成不變，實際上一切事無時無刻都在改變，視乎你有否察覺得到。今天一起探索與記錄個人生活上的改變！

☐ **已完成·日期：**

1 今天我覺得 ____ 因為 ____

2 最近我或我生活裡的改變是

3 這些轉變讓我覺得

 DAY 7 ## 幸福的體驗

你可能覺得那些幸福的片段早已逝去，回憶亦無用，然而每次重新體驗最美好快樂的經歷，便是在重塑神經迴路，有助加強正面情緒。

☐ **已完成·日期：**

1 今天我覺得 ____ 因為 ____

2 我最幸福美好的經歷是（盡可能詳細描述當時的片段和感受）

WEEK 11 自我接納練習

自我接納是無條件地珍惜自己，清楚自身優勢，亦允許自己偶爾失敗、軟弱或犯錯，意識到「我」儘管有不足，仍是一個完整的人，能夠客觀評價與包容自身的不同面貌；與此同時願意持續學習與成長，待儲備足夠能量時，再作出與個人目標相符的轉變。

人很多時感到痛苦，是因為潛意識中追求一種遙不可及的完美，當無法符合外界與心中那把尺，就會怪責「不夠好的自己」。自我抨擊的副作用是消磨意志、加重身心壓力，反而無助改進與成長。當你願意真正接納自己當前的模樣，才會解開一直作繭自綁的心結，獲得能量處理其他尚待解決的人生功課，逐步成長至最渴望的狀態。

DAY 1 檢視自我抨擊態度

覺察是改變自我抨擊態度的第一步，你會否常不自覺地自我批評？無法真心相信別人的讚賞？總是質疑自己的價值？罵自己罵得比任何人都狠？多留意平日的想法與內心獨白，有助找出自我攻擊模式，更客觀地審視內在。

ACTION ▌ **已完成·日期：**

留意自己平日有否出現以下情況？

○ 無法真心接納別人的讚賞與祝賀，也甚少稱讚自己

○ 無法原諒自己的過失，常憶起失敗和犯錯的往日片段

○ 將意外、無心之失或不可控因素引發的問題歸咎於自身

○ 不相信自己的能力，即使成功也覺得純粹僥倖或全靠他人

○ 會用一些負面用語批評自己（例如：蠢、失敗、沒用）

DAY 2 **覺察自我批判源頭**

人不會打從出生開始就抨擊自己，自我批判的念頭很多時源於過去的人際互動經歷。若從小只聽到父母師長的批評，很容易將負面評價內化成自身的定義。當然亦有可能是你責任感和自我要求過高，無論做得多好也自覺很差勁。意識到問題源頭才可調節失衡的想法，並重建有助個人成長的信念與價值觀。

已完成·日期：

反思有沒有一些事件或因素影響你的自我評價？

1 **早年互動經驗**

2 **近期發生的事件**

3 **個人特質或信念**

 DAY 3 **接納你的優缺點**

世上無人完美，每個人都有光明與黑暗的一面。你不需要認同，但可接納自己確實有些缺點，同時勿忘自身的獨特優勢。當你坦然接受限制，不再將精力全放在自我攻擊上，反而比較有動力去改變困擾你的特質與行為模式。

已完成·日期：

寫下你的優缺點，別忘記正是這些特點結合起來，構成了完整的你

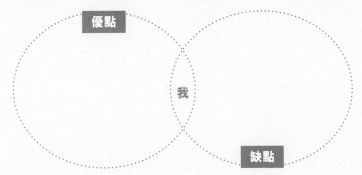

DAY 4 **改寫自我批判句子**

適當的自我反省能推動我們進步，過火的自我攻擊則會消耗能量。我們可以練習反省而不批判，只反映事實，無需加鹽加醋地貶低與恐嚇自己。例如成績退步，反省「這次我溫習的時間不夠，下次再提早一些溫習」已足夠，不用兇巴巴地抨擊自己「分數這麼低，真失敗，前途都被我毀掉了！」

ACTION ■ 已完成·日期：

❶ 回想一次自我攻擊的經歷，你説了甚麼來批評自己？

❷ 參考上述例子，試將自我抨擊説話改寫成反省而不批判的句子

 DAY 5 **學習肯定自我**

我們不一定要建立豐功偉業或拯救了地球才值得欣賞。嘗試對自己寬容一點，肯定自己過去與現在的大小成就，可以是優點特長、努力嘗試、成功經驗或做過的好事，無論事大事小，都值得記錄下來，給自己一點鼓勵。

ACTION ■ 已完成·日期：

在獎狀上寫下你
對自己的肯定
（多微小的事
都沒問題！）

DAY 6 ## 給自己一個擁抱

一個真誠的擁抱讓人感到被愛和被接納，具有放鬆減壓的療效。與親近可靠的人擁抱固然能增加幸福荷爾蒙，不過「自我擁抱」同樣有撫慰心靈的力量。在你放下顧忌與嫌棄，給自己一個溫暖擁抱的同時，也開啟了自我接納的大門。

ACTION　■ **已完成·日期：**

自我擁抱步驟：

1 在無人打擾的空間裡，以舒適的姿勢擁抱自己

2 慢慢一呼一吸，像母親哄幼兒睡覺那樣輕拍自己的手臂

3 輕鬆地哼歌或對自己說一些關心鼓勵的話

4 假如太多感受湧現，允許自己真情流露，繼續擁抱自己、輕拍手臂、慢慢呼吸，直至心情平靜下來

 DAY 7 ## 善待自己之道

每個生命都來之不易，你的存在真的很重要，值得被好好對待！也許你未能在短期內改變自我抨擊的習慣，但只要願意撥出一點時間心思來善待自己，讓身心感到比較舒適自在，已是療癒的重要一步。

ACTION　■ **已完成·日期：**

想想未來一星期如何在不同層面照顧好自己？

身體方面　　　　　　心靈方面　　　　　　關係方面

12 檢視負面思維

我們有時會不自覺地戴上有色濾鏡，覺得事情必然往最差的方向發展、從來沒有人理解自己、一切事與願違……這款濾鏡名為「認知扭曲」，是一種自動化的非理性偏執思考模式，時常越過理據跳至結論，讓感受與想法變得負面。

自動化負面思維模式通常由過往經歷塑造而成，產生對客觀現實的偏差理解。扭曲想法或許一時間難以改變，亦無需勉強自己時刻保持正面，但若覺察到負面思維的存在與背後原因，便有機會選擇更有效的思想方式，避免無意識地陷入負面漩渦。本星期讓我們一同檢視各種常見思想陷阱，你未必符合每一種，只需要以開放態度保持覺察便可以了！

DAY I 非黑卽白二元思考法

當一個人常武斷地劃分對與錯、是或否、黑與白、愛與恨，否定其他可能性，很容易把自己推向極端位置，失去思考彈性與心理緩衝空間。世事沒想像中那麼簡單，謹記黑與白之間存在一片廣闊的灰色地帶與多元無限的可能性。

ACTION ■ 已完成・日期：

> **例子**：我對代表你錯／無法贏得比賽就是徹底失敗／他有缺點一定是個壞人／我不愛你就要恨你

❶ 你有類似想法嗎？　　○ 經常　　○ 間中　　○ 甚少

❷ 若曾出現過，有客觀證據支持你的想法嗎？
　　○ 不肯定　　○ 有，證據是：＿＿＿＿＿＿＿＿＿＿＿＿＿＿

❸ 嘗試寫下更切合現實的想法：

DAY 2 | 永遠這樣/永不那樣

經常使用「絕對／一定／永遠這樣那樣」等字眼，聽起來好像很決斷，卻缺乏彈性，容易形成僵化思維，嘗試接受更多可能性，給自己轉彎的空間吧！

ACTION | 已完成·日期：

> **例子**：只許成功，不許失敗／你一定要完全聽我話／永遠不會有人愛我／我絕對無法接受一絲錯誤

1 你有類似想法嗎？ ○ 經常 ○ 間中 ○ 甚少

2 若曾出現過，有客觀證據支持你的想法嗎？
　　○ 不肯定 ○ 有，證據是：_____

3 嘗試寫下更切合現實的想法：

DAY 3 | 災難化思考

有些朋友腦海中時刻上映災難片，常不自覺地誇大事情的嚴重性，在尚有其他可能性的情況下，總是設想事情會演變成最壞的結果，容易令焦慮感惡化。

ACTION | 已完成·日期：

> **例子**：這幾天一直咳，難道患上肺癌了？／家人晚回家會否出了致命意外？／假如考試不合格，一輩子都沒前途

1 你有類似想法嗎？ ○ 經常 ○ 間中 ○ 甚少

2 若曾出現過，有客觀證據支持你的想法嗎？
　　○ 不肯定 ○ 有，證據是：_____

3 嘗試寫下更切合現實的想法：

DAY 4　戴上負面濾鏡

世上光明與黑暗並存，一旦戴上負面濾鏡，就會選擇性地只關注黑暗的一面，整個人變得悲觀與消沉，好像被催狂魔吸去靈魂，再也快樂不起來了！

ACTION　已完成·日期：

> **例子**：我的演出收到了一個批評，太失敗了！/ 小孩會哭，一點也不可愛 / 你說我變得漂亮了，意思是我過去很醜？

❶ 你有類似想法嗎？　　◯ 經常　　◯ 間中　　◯ 甚少

❷ 若曾出現過，有客觀證據支持你的想法嗎？

◯ 不肯定　　◯ 有，證據是：_____

❸ 嘗試寫下更切合現實的想法：

 DAY 5　自以為能夠讀心

沒有人是別人肚裡的蛔蟲，在沒有確實證據下，就假設自己能知悉別人的所有想法和情感，容易引起偏見和誤解，加重不必要的心理負擔。

ACTION　已完成·日期：

> **例子**：他沒對我笑，肯定是不喜歡我 / 他表面親切，實際上看不起我 / 他們圍起來小聲說話，是在說我壞話吧？

❶ 你有類似想法嗎？　　◯ 經常　　◯ 間中　　◯ 甚少

❷ 若曾出現過，有客觀證據支持你的想法嗎？

◯ 不肯定　　◯ 有，證據是：_____

❸ 嘗試寫下更切合現實的想法：

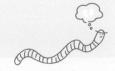

DAY 6 過度自責

你會否容易將問題個人化，覺得有很多意外和問題都是源於自己，並常為此自責？每件事的發生總有多重因素，別承包所有責任，讓身心壓力變得過重！

已完成·日期：

> **例子：**同事會辭職是因為我領導無方 / 女兒跌倒是因為我不小心 / 隊伍輸掉比賽是因為我傳球不力！

1 你有類似想法嗎？　⚪ 經常　　⚪ 間中　　⚪ 甚少

2 若曾出現過，有客觀證據支持你的想法嗎？
　　⚪ 不肯定　　⚪ 有，證據是：＿＿＿＿＿＿＿＿＿＿＿＿＿＿

3 嘗試寫下更切合現實的想法：

DAY 7 貼標籤

你會否以一些簡化標籤來定義自己與他人？經歷過失敗就説自己沒用、有人不笑就認定他黑面沒禮貌。嘗試放下定型標籤，欣賞每個人的複雜多元吧！

已完成·日期：

> **例子：**我就是一個無用的廢物 / 她是個虛偽的奉承者才會受重用 / 他這麼有錢一定是很貪錢 / 水瓶座都是怪人

1 你有類似想法嗎？　⚪ 經常　　⚪ 間中　　⚪ 甚少

2 若曾出現過，有客觀證據支持你的想法嗎？
　　⚪ 不肯定　　⚪ 有，證據是：＿＿＿＿＿＿＿＿＿＿＿＿＿＿

3 嘗試寫下更切合現實的想法：

WEEK 13 練習與焦慮共存

考試不合格怎麼辦？家人會否出意外？他會一直愛我嗎？日常令人焦慮的事情可不少。焦慮的本質是害怕事情失去控制，面對未知，我們容易感到不安。意外和災禍確實不時發生，但最可怕的情境往往存在於腦海之中，想像事情一定無可挽回、這次一定撐不下去，而忘記自己有能力隨機應變及解決困難。

世事無常，任何人都無法預測未來。假如時刻為想像出來的壞結果杞人憂天，就會被焦慮感控制至寸步難移。需知道勇敢不是無所畏懼，而是即使害怕也願意前行。我們不用確保前路百分百安全，亦不用意圖操控一切，請練習與焦慮共存，了解自己為何焦慮，在防患未然的同時保持前進動力。

 DAY 1 檢視你的焦慮類別

每個人可能會就不同情境感受到不同程度的焦慮，有人身在高處便呼吸困難、有人每次坐飛機也怕出意外、有人每逢考試前夕都會肚痛。你有留意自己平時容易為哪些特定事情焦慮嗎？考試？工作？金錢？健康？生死？人際相處？抑或事無大小都會令你焦慮緊張？就讓以下表格幫你釐清吧！

ACTION 已完成‧日期：

以下情況會令你焦慮嗎？請就各項描述評分（1至5分）

○ 考試成績不好	○ 工作表現不佳	○ 無法完成任務
○ 身處社交場合	○ 當眾演講表演	○ 無其他人陪伴
○ 金錢／物資不足	○ 身處髒亂環境	○ 身處較高位置
○ 自身／家人患病	○ 天災人禍情境	○ 想像死亡情境

DAY 2 **撰寫焦慮日誌**

有時我們以為自己被數百隻面目模糊的惡鬼追趕，實際上眼前真正令你困擾的事或許少於10件，但焦慮感讓你不自覺地放大了威脅。嘗試將當下焦慮的事情逐件列出，弄清楚源頭、程度、想法和反應，能助你找回一絲控制感。

■ 已完成·日期：

引發你焦慮的事件	焦慮程度	想法 / 反應

 DAY 3 **分清想像與現實**

焦慮情緒提醒人避開風險，這些警告有時符合現實，部分則源於誇大了的災難化想像。我們無需盲目樂觀，只要保持覺察力，練習分辨想像和現實，不將幻想中的危機當成真正發生的事，有助緩和焦慮情緒，減低對身心的影響。

■ 已完成·日期：

我預期中發生的壞事 (例：我胸口不適，很可能患了心臟病)

壞事發生的機會率大概是 ＿＿＿＿＿ %

想像部分 (例：我患了心臟病) ┊ **現實部分** (例：我胸口不適)

DAY 4 客觀評估風險

有時候很想做一些事，但因背後隱憂而卻步。我們沒想像中那麼脆弱，假如事情有助成長，並評估過風險承受能力，縱有機會失敗，仍可選擇嘗試。若然你正為一些事情猶豫，請思考下列問題客觀評估風險，幫助自己做合適的決定。

ACTION ■ 已完成·日期：

列出近期因隱憂而卻步的事情	
假如事情往正面發展會怎樣？	
假如事情往負面發展會怎樣？	
事情失敗或變差的風險有多高？	
有甚麼方法可降低預期的風險？	

DAY 5 專注當下可做的事

當你為未發生的事過分憂慮，整個心神都聚焦於未來。這時請將注意力帶回當下，想想目前可做些甚麼令事情出現好的轉機？假如自覺做任何事都無法改變結局，那麼你多焦慮也幫不上忙，不如設法安頓心情、順應天命吧！

ACTION ■ 已完成·日期：

讓我擔憂的事情	我目前可做的事
例：擔心明天考試失敗	把握時間溫習、深呼吸放鬆、足夠睡眠

DAY 6 **學習接受不確定性**

焦慮源於一股操控未來的慾望，希望事情百分百穩妥沒意外，拒絕不確定性。
人生本就存在許多不確定因素，意外不一定帶來驚嚇與創傷，有時也會製造驚
喜與新機會，嘗試接納和擁抱不確定性，你的心靈會變得更自由！

 ☐ **已完成·日期：**

回想有沒有一些不在計劃裡的事，帶給你意外收穫？

 DAY 7 **思考焦慮的意義**

焦慮就像警報系統，縱使間中會誤鳴，引起非必要的恐慌，卻不能抹殺其價值
與存在意義。焦慮提醒我們防患未然、避開危險，在引發胡思亂想的同時，也
令人心思更加慎密。嘗試肯定焦慮的意義，客觀評估它為自己帶來的好處與壞
處，就能避免因為抵抗焦慮情緒而變得更加慌張。

 ☐ **已完成·日期：**

嘗試寫下幾個焦慮對你的意義或正面影響：

WEEK

14 心靈斷捨離

人們可能因為存在完美主義、過度的責任感和填不滿的
匱乏感等，經常處於疲乏和無法滿足的狀態。近年社會
鼓勵大家透過斷捨離物品重整生活空間，其實心靈同樣
需要進行斷捨離，清除一些影響心情的元素，放下不必
要的壓力和包袱，讓心靈變得更清爽和自由。

任何層面的斷捨離都不是盲目地捨棄一切便完事，你需要正視個人心理困擾
的背後原因，才有機會與它們和平共處或好好告別。今個星期讓我們檢視自
己有否存在一些影響心靈健康的念頭與特質，假如某些例子與你相似，也不
一定要馬上消除，可選擇以更有智慧的方法自處，以減輕心靈的重擔。

 DAY 1 匱乏空洞的心

現代人選擇眾多，卻經常感覺匱乏、失落與不滿足，於是不停用物質、食物、名
聲、娛樂及約會等填補內心的空洞。假如你覺得「無論擁有多少還是不夠」，甚
至因囤積過多不需要的東西與關係而形成新的心理壓力，便需要靜心尋找內在匱
乏感的源頭，再以真正在乎的元素來讓心靈感到滿足。

ACTION 已完成·日期：

內心感到匱乏時，你會如何填補內心空洞？有時我們以為缺乏的是物質，
實際上可能是源於關係、意義感和自我價值等方面的不滿足。試回想匱乏
的源頭，再思考和強化你真正重視的生命元素。

> 你平日填補內心空洞的方法

> 列出能給你力量的生命元素

DAY 2　過度負責的心

過度的責任感常出現在家庭、親密與工作關係上，因自我要求高或擔心別人做不來，便不自覺地參與及幫忙太多非分內之事。負責任固然是美德，可是一旦無限放大個人應負的責任，把他人的人生功課與無法控制的事情通通攬到身上去，除了形成個人巨大心理壓力與倦怠，亦阻礙了別人的成長旅程。

已完成‧日期：

你有過度負責的傾向嗎？

- 常為未盡好本分的人收拾爛攤子
- 對別人的感受和反應太上心
- 別人有難題時常希望代為解決
- 將別人的需求放在自身需求之上

是日心靈提示：
當別人未盡好本分時，我們可給予支持和提示，而非事事代勞。謹記在照顧別人的同時，照顧自己也很重要。今天請花點時間善待自己！

DAY 3　追求完美的心

有完美傾向的人常以高標準來要求自己或他人，產生一股渴望變得更好的驅動力，但假如每當達不到要求便極度難受或一直怨懟，就會形成巨大心理壓力。生活中很難事事完美無缺，我們可以在追求完美的同時，坦然地接受不完美。

已完成‧日期：

今天請在可控的範圍內刻意製造不完美的經驗，例如寫錯字時忍著不修改、容許桌上有一點污跡、做自己不擅長的事等。接納過程中可能會出現的不適感，同時留意世界並不會因你一個不夠完美的嘗試而崩塌。

我的不完美練習：

DAY 4　持續有罪疚感的心

有時我們會因為做了或沒做一些事而產生罪惡感，甚至明明沒有犯錯，單純目睹他人不幸或出現了某些念頭已內疚不已，繼而狠狠責備與懲罰自己，自覺不該活得快樂自在。適度的罪疚感能讓人避免持續犯錯與作出補償，但要留意別被困在過去的陰影中，截斷前進的路途，那樣對事情和任何人皆毫無幫助。

ACTION　☐ 已完成·日期：

列出讓你有罪惡感的事情	你的責任	懲罰自己以外的彌補方案
	％	
	％	
	％	

 DAY 5　在乎別人目光的心

每個人幼時在一定程度上都是透過別人的目光認識這個世界及建立好壞標準，有時的確會因為外在評價令心情忽高忽低，很難做到完全不在意別人的看法。讓我們在建立個人價值的歷程中，逐步減低他人目光對自己的影響和控制，為「我想怎麼活」建立一套個人標準，心靈便會變得更自由。

ACTION　☐ 已完成·日期：

❶ 你覺得自己目前有多在意他人的目光？

❷ 你覺得被人否定或批評是否代表你沒有價值？

❸ 有沒有一些事是不被認同但你希望堅持的？

❹ 你會為了被人肯定而勉強自己改變嗎？

❺ 你希望自己如何看待別人的目光？

DAY 6 不願好好休息的心

你會否過分重視生產力，經常忙這忙那、停不下來，每次休息都感到白白浪費時間，記掛著未完成的任務？即使機器都需要定期關機與保養，才能維持最佳狀態，何況是人？提醒自己不必每分每秒有生產力，世界亦不會因為你休息而停止運作。定期安排休息時間，短至數分鐘也好，容許自己全心全意地充電。

ACTION ☐ 已完成·日期：

① 你試過因為休息而不安嗎？當時你的心在想甚麼呢？

② 你最嚮往的休息時光是怎樣的？寫下並找機會實踐你的充電計劃！

 DAY 7 放不下過去的心

人生在世，總有機會為一些舊事耿耿於懷。童年創傷、失戀、被背叛欺騙、親人離世、自己犯了錯……昔日的不快回憶像石頭一樣堵在心頭，每一步都走得沉重，無法全情投入當下的快樂。無需要求自己馬上解開心結，只需覺察心中石頭的存在，學習觀察、接受與安撫它，待準備好的時候再自願放下它。

ACTION ☐ 已完成·日期：

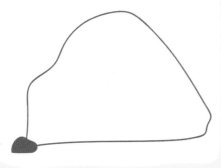

在石頭上寫下你暫時未能解開的心結

① 用手輕掃心口，感受心中的石頭

② 告訴自己願意接納這塊石頭的存在，它是一段經歷而非障礙

③ 想像石頭變得更輕，你有能力帶著它前行，並待合適時機再放下

15 藝術表達減壓

藝術表達源於人們對情感、關係和世界的看法，是人類獨一無二的表達方式。每個人與生俱來具有創造的潛力，無論是繪畫、設計、手工藝、唱歌或跳舞，任何人都可透過藝術創作，將難以言喻的思緒與情緒對外呈現，釋放被壓抑的自我，同時表達出個人獨特性。

有些朋友可能認為自己沒有藝術天分和能力而不敢作出嘗試。本星期讓我們進行不同形式的藝術表達練習，暫時放下壓力、放鬆身心。創作過程隨心就好，不必經過太多計算，亦無需判斷對錯美醜，讓自己像一個未受社會審美標準限制的幼兒，全神貫注地投入與享受創作，感受藝術的療癒力量吧！

DAY 1　個人塗鴉合集

許多人試過在課本或筆記簿上塗鴉，畫下各式圖案來解悶。隨意畫下重複的圓點、漩渦、幾何與線條，窄看簡單，集合起來也能呈現個人特色。請在空格內進行隨心繪圖練習，像小朋友一樣盡情塗鴉、享受創作。

ACTION ▓ 已完成·日期：

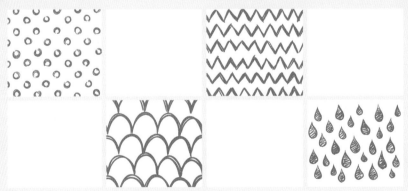

DAY 2 自由聯想創作

無論多複雜的圖案，都是由點與線變化而成。有人能將一個圓點擴展成宇宙、有人只用一條線就能建成宏偉城堡。今天就運用直覺和想像力進行創作吧！

ACTION ▨ **已完成·日期：**

利用下方原有的簡單圖案，運用想像力接續繪畫你的獨特作品

 DAY 3 繪畫心中的大海

無邊的大海容納一切的思緒與感受，當下的你內心如巨浪翻滾？抑或平靜無波瀾？如實地畫出你心中的海洋吧！創作時聆聽海浪聲，能給你更多靈感！

ACTION ▨ **已完成·日期：**

可參考以下圖樣或自行創作你心目中的海洋

DAY 4 **專注地填色**

填色活動可讓我們專注於當下。過程中不用評價自己塗得美不美，只要安靜地用顏色筆為畫面加添色彩，享受填色的過程，已能讓思緒沉澱下來。

ACTION ■ 已完成·日期：

❶ 選擇你感覺平和喜悅的顏色，由畫面中心往外往仔細地為圖案著色

❷ 下筆前可先進行數次深呼吸，保持心情放鬆

 DAY 5 **自製心靈守護石**

石頭給人一種沉穩可靠的感覺，它們歷經時間洗禮，變成如今的模樣。在石頭上創作出療癒圖案或字句，讓心靈與大地能量連結，成為安頓身心的提醒。

ACTION ■ 已完成·日期：

❶ 挑選一塊手握大小、表面光滑的石頭

❷ 用顏料、毛筆或油性彩色筆在石頭上畫出令你感覺到被支持的字詞或圖案

❸ 將石頭放在口袋或當眼位置，焦躁時便握著它，讓心情回到當下，慢慢回復平靜

畫下守護石的草圖吧！

DAY 6　動手製作海洋瓶

今天邀請大家利用簡單工具自製療癒海洋瓶。心煩的時候輕輕搖晃海洋瓶，放回桌面後專注地觀察瓶中混沌的溶液翻滾、沉澱……心情便會回復澄明。

ACTION ☐ 已完成 · 日期：

材料

- 連蓋透明小瓶子
- 清水及嬰兒油各一小杯
- 水溶性色素（與水混合）
- 油溶性色素（與油混合）
- 適量裝飾品如金粉及閃珠

做法

1. 將喜歡的水溶性色素加進水中，填滿瓶身三分一空間

2. 將喜歡的油溶性色素與嬰兒油混合，填滿瓶身三分二空間

3. 放入少量裝飾品，扭緊瓶蓋即成

 DAY 7　來一場即興舞蹈

除了視覺藝術外，舞蹈也是有助療癒身心的藝術形式。當你放下對自身形象的擔憂與評價，盡情舞動身體，除了紓緩因壓力形成的肌肉緊張、增強肢體協調性，還可讓身心在當下合而為一，暫時忘卻煩惱，瞬間提升心情。

ACTION ☐ 已完成 · 日期：

1. 今天抽出3分鐘時間，在安全的空間內即興跳舞吧！

2. 播放喜歡的音樂，隨旋律節拍舞動，會更易投入其中

3. 假如你不熟悉跳舞，不妨上網尋找簡易舞蹈的教學，跟隨影片舞動身體。無需在意動作是否標準，單純享受跳舞就好！

💡**小提醒**：跳舞前請先進行簡單熱身

16 裝備情緒急救包

天有不測之風雲，無論情緒多穩定的人，亦難避免生活中各種壓力和不如意的事情引發心情起伏。當身體受傷了，人們會用急救包為自己療傷，避免傷口進一步惡化。心靈受創也是同樣道理，我們可預早裝備個人化的抗壓包，計劃自身在不同處境下能夠採取的行動，強化心靈堡壘。

每個人需要的情緒療癒工具都不一樣，只有你最了解甚麼解憂方法對自己最有效。本周請為自己訂造專屬的情緒急救包，每當情緒低落受困時，便能按當下需要及時為心靈包紮，帶來療癒的力量。

 DAY 1 我的快樂清單

很多人覺得必須大富大貴、心想事成或獲得重大成功才能快樂。其實生活中許多小事情能都令我們心情愉快，只是快樂片段容易被遺忘。留意生活中讓自己心情變好的點滴，像吃到出爐麵包、到公園散步、看小貓短片、與好友交談、聽喜歡的歌等，列出這些事情，作為你情緒低落時的急救處方。

ACTION ■ 已完成·日期：

寫下日常生活最少5個能讓你心情變好的活動或片段

💡 **小提醒**：最好是日常輕易做到的小事

DAY 2 **人生願望清單**

人生中有些夢想被繁忙的工作和生活壓力埋沒，甚至漸漸忘記。這些令你心動不已的願望，在低潮時或能給予你動力堅持下去。無論你渴望攀越高山、與喜歡的人欣賞北極光、學習冷門外語、駕駛飛機，抑或創立個人服裝品牌，今天請花點時間，在清單上列出一些你真正渴望並相信自己能做到的願望！

ACTION ■ 已完成 · 日期：

列出你的願望清單，可隨時回來更新或標記已達成時間！

人生願望	達成時間	人生願望	達成時間

 DAY 3 **給你力量的信念**

每個人因各自經歷會有不同的信念，例如「隨遇而安」、「以誠待人」、「面對困難也堅持下去」。正向信念愈堅定，愈能支撐自己走過人生順逆。請將給你力量的信念或人生座右銘記下來，更可張貼在當眼位置作為日常的提示。

ACTION ■ 已完成 · 日期：

請記下對你重要的人生信念或任何給你力量的句子

DAY 4 **你的生命啦啦隊**

當你開心或不開心的時候,會與誰分享?當你需要建議和指引,會向誰求助?
請組織一支精神上的啦啦隊,在解憂路上與你同行。隊伍人數最好超過三位,
確保你有需要時可獲得充分支持!

ACTION ✅ **已完成·日期:**

我的生命啦啦隊名單

 DAY 5 **建構安心的空間**

當外面的世界太過紛擾,你的思緒可能會變得混亂,不斷在過去與未來遊走,
無法在此時此刻安定下來。請想像自己身處一個令你全然放鬆、安心的空間,
愈具體愈好。將這畫面記錄下來,當你困擾不安時,無論身處何方,都能馬上
回到這心中安穩的空間。

ACTION ✅ **已完成·日期:**

以圖像或文字描述令你安心平靜的空間是何模樣

DAY 6 **衝破難關的經歷**

面對生命裡的大小挑戰，總以為自己撐不下去，很想逃避。其實我們從小到大
一次次或自願、或被迫地跨過不少難關。過程也許痛苦，但別忘了肯定自己的
付出與成長，記下往日衝破難關的經歷，你會發現自己比想像中更堅強！

ACTION ☐ 已完成 · 日期：

寫下你記憶中衝破難關的深刻經歷和帶來的啟發

 DAY 7 **整理情緒急救包**

經過幾天的練習，大家應該比較清楚有哪些元素能提升心情、重拾平靜或補充
心靈力量。今天請好好整理一下，在情緒急救包內填下適合不同情境的藥方。
留意我們不是要否定情緒，每當情緒低落時要馬上快樂或振作起來，重點是找
到健康的調適方法回應需要、轉換狀態，逐步提升心理自癒力！

ACTION ☐ 已完成 · 日期：

My emotion aid kit

心靈力量
補充劑
（動力低下時適用）

情緒降溫噴霧
（煩躁不安時
適用）

解憂糖
（情緒低落
時適用）

WEEK 17 增加心理彈性

每天的生活過得差不多，走同一段路、吃同一家店、做相似的任務、見相同的人，感覺規律、安全、不用費勁適應變化，但整個身心會進入自動導航模式，很難因應當下的環境改變航道，當突如其來的衝擊出現時，心理也可能因為來不及反應而崩塌。

今個星期讓我們透過練習，在可控的範圍內跳出框框、告別因循。偶爾在生活上作出不一樣的新嘗試，例如做一些你不擅長的事、坦然面對失敗、鍛鍊非慣用手，為千篇一律的日子增添新火花之餘，也能提升心理彈性、適應力和變通能力，擴闊心靈空間去面對人生起伏。

DAY 1 檢視你不擅長的事

人生本來有無限可能，但我們可能為自己設立了許多框框。有人自覺沒藝術天分，對藝術館和繪畫類活動敬而遠之；有人不擅長與陌生人交談，總是極力避免社交活動。不給自己機會去嘗試舒適圈以外的事，結果自然是局限了視野和個人成長。讓我們先來檢視自己應對不擅長事情的態度！

ACTION 已完成·日期：

1 寫下你不擅長的事   **2** 寫下你不習慣做的事

3 你會否主動嘗試不擅長與不習慣的事？為甚麼？

DAY 2　做一件不太擅長的事

很多人傾向做自己擅長而習慣的事，那樣最節省時間與氣力。可是偶爾做些不在行的事，能拓展新潛能，發現不一樣的自己。記著你只是不擅長與不習慣做某些事，而非毫無能力嘗試，放下對成果的評價，願意嘗試已是一種進步！

ACTION　■ 已完成·日期：

今天請從昨天的清單中抽出最少一件不擅長的事來挑戰自己！（例如你不習慣與陌生人交談，請到街上或商店主動與不熟悉的人閒聊幾句）

寫下你做這件事的感覺。無論結果怎樣，請給予自己掌聲！

 DAY 3　鍛鍊非慣用手

日常生活中我們通常使用慣用手做事，右撇子習慣用右手寫字、吃飯、刷牙、推門，左撇子則反之。研究顯示運用非慣用手做動作，除了打破心理慣性，也能有效控制情緒。今天就來試試訓練你的非慣用手吧！

ACTION　■ 已完成·日期：

請使用非慣用手進行以下活動：　　　　嘗試以非慣用手在下方寫字或繪畫：

1 刷牙

2 吃飯

3 摺衣服

DAY 4 | 體驗一件新的事情

小時候，我們每天都有新體驗，漸漸一切形成習慣，生活一成不變。你會否經常都吃同款食物、每天走同一段路、穿顏色風格相近的衣服、下班做相同的活動？今天請體驗一些新事物，例如換個新髮型、看平時沒興趣的表演、穿不同風格的衣服、吃沒試過的食物、參加一個新活動，為生活增添有趣的新火花。

ACTION ▓ **已完成·日期：**

❶ 今天請為自己安排一項新體驗：

❷ 寫下你的感受：

 DAY 5 | 來一場即興行動

你會否事事預先計劃和安排好才行動？每天按計劃行事固然安心，卻可能少了一些驚喜。今天不妨來一次即興行動，像是隨心上一輛巴士再隨心下車到陌生的街道亂逛、預訂一間沒試過的餐廳、臨時約有意同行的朋友外出、利用雪櫃剩餘材料煮一頓即興大餐，就隨自己當下的想法與狀態行動吧！

ACTION ▓ **已完成·日期：**

❶ 你今天進行了甚麼即興體驗？

❷ 寫下你的感受：

DAY 6　想像自己是另一個人

有時我們不相信自己有能力跨過難關，很想放棄。這時不妨想像自己是另一個人，用另一種視角應對眼前困局。這種方法稱為「蝙蝠俠效應」，站在局外人的角度看待自身處境，能夠減少焦慮與增加克服困難的勇氣。例如上台演講時十分緊張，可想像自己是經驗豐富的講者，幫助自己以較淡定的態度完成任務。

ACTION ☐ 已完成・日期：

❶ 設想自己面對一個困難的情境：

❷ 想像自己是另一個勝任這項任務的人

這人擁有哪些特質？	
這人會如何應對這件事？	

 DAY 7　坦然接受失敗

有時我們因為不願面對失敗，只做有把握的事情，結果排除了很多新機會。害怕失敗是人之常情，但不妨將失敗視為一個體驗與過程，而非定義你價值的結局。在擔憂失敗而早早放棄以外，還可選擇志在嘗試、迎難而上！

ACTION ☐ 已完成・日期：

❶ 寫下一次失敗的經歷

❷ 寫下一段說話鼓勵失敗的自己（例如明知不一定成功也願意嘗試，這樣的我很勇敢）

18 將正念融入生活

看著眼前盛開的花，有人會細心欣賞、感受它的美好；有人會為昔日枯萎的花黯然；也有人為花終究逃不過凋謝命運而憂慮。

「當下」的感覺本來十分單純，是我們常把複雜的情緒從過去與未來帶到「現在」。正念（mindfulness）就是將注意力放在此時此刻，行路時專心地行路、吃飯時專心地吃飯，讓心回歸目前。進行本周的正念練習時，初期你可能不太清楚自己在做甚麼，別焦急，一天一點地體驗正念，再將你最易掌握的練習融入生活，形成好習慣。

DAY 1 正念呼吸

正念呼吸不受時地限制，今天抽出一點時間，除了呼吸外甚麼都不想、不做，當你將全副心神集中在一呼一吸之上，自然沒空間思考其他煩心事。

ACTION 已完成·日期：

① 將計時器設定為3分鐘

② 閉上雙眼，以舒適的姿勢站立、坐下或躺下，放鬆肩膀和四肢

③ 吸氣，感覺腹部微微上升，想像光明力量充盈內心

④ 呼氣，感受腹部徐徐下降，釋放出心中鬱悶和壓力

⑤ 將注意力放在呼吸上，全情投入一呼一吸

⑥ 若注意力轉到其他念頭上，沒關係，讓這些念頭如潮水般來去

⑦ 時間到了，張開眼睛，結束這次練習

breathe *in* *out*

DAY 2　正念洗手

我們每天總有很多洗手的機會，假如每次洗手都順道進行正念練習，就能享受更多放鬆平靜的時刻。

已完成·日期：

① 打開水龍頭，對隨時有自來水可用表達感謝

② 吸氣，覺察清水流過雙手；呼氣，將梘液塗滿雙手，輕輕摩擦出泡沫

③ 吸氣，觀察手中泡沫；呼氣，留意梘液的氣味

④ 在一呼一吸之間，專注地清洗掌心、手背、手指和手腕

⑤ 吸氣，聆聽水流的聲音；呼氣，觀察水流的去向，想像煩惱隨水而去

⑥ 關上水龍頭，輕輕抹乾雙手，感受雙手的潔淨

 DAY 3　正念進食

你吃飯的時候有專心地吃飯嗎？抑或用手機和煩惱「送飯」，食而不知其味？今天進食時專注於眼前食物為你帶來的能量。好好吃喝，才有力量好好生活。

已完成·日期：

① 深呼吸，在進食前先觀察食物的外形，感受其散發的香氣

② 懷著感恩的心，感謝大自然和食物製作者讓你得以享用眼前食物

③ 嚐一口食物，每口食物咀嚼大約20次，感受各種滋味在口中擴散

④ 留意牙齒、舌頭的動作，慢慢吞嚥下去，感受食物帶給你的能量

⑤ 謹記口動手不動，還在咀嚼的時候請放下餐具

⑥ 開始有飽肚感覺後，對自己說「足夠了」，然後停止進食

DAY 4　正念品茶

無論生活多匆忙，只要你願意，還是可預留一點時間練習「正念飲茶」，放鬆繃緊的神經。今天就為自己泡一杯茶，在茶的芳香中安頓身心。

ACTION　▌已完成·日期：

① 在杯中放入你喜歡的茶葉或茶包

② 沖熱水進茶杯中，聆聽水聲、觀察水的流動

③ 欣賞茶色慢慢由淡轉濃，感受茶散發的香氣

④ 吸氣，喝一口茶，感受茶水沾濕嘴唇與舌頭

⑤ 呼氣，慢慢吞下這口茶，讓茶水滋潤喉嚨

⑥ 吸氣、呼氣，繼續專注地品嚐眼前的茶

 DAY 5　正念步行

將正念和步行結合，專注於當下，有意識地行走，每一步都腳踏實地，能讓身心合一。今天邀請你進行以下練習，好好享受每一步，治癒之路就在腳下。

ACTION　▌已完成·日期：

① 挑選一段路進行練習，室內戶外也可以

② 提起一隻腳，自然地向前踏步，留意腳掌與地面接觸的感覺

③ 提起另一隻腳，踏出另一步，意識到整個大地都在支撐著你

④ 按你覺得舒適的步速行走，專注在你的呼吸和腳步之上，例如吸氣行3步、呼氣行3步。如果是快走的話，可以吸氣行6步、呼氣行6步

⑤ 你可以邊練習正念步行，邊在心中默唸給你力量的句子

DAY 6　正念聆聽

有試過靜心聆聽四周的聲音，感受自己當下就在這裡嗎？有試過專注聆聽別人的話，讓對方感受到你真的在這裡嗎？讓我們練習成為一個更好的聆聽者。

ACTION 　■ 已完成 · 日期：

　○ 靜心聆聽環境中的聲音：

① 閉上眼睛，聆聽環境中的聲音，你聽到甚麼？

② 慢慢吸氣、呼氣，感受自己當下就在這裡，享受此時此刻

　○ 如果有人跟你談話，你也可以練習專注聆聽他人的說話：

① 吸氣，用心聆聽對方的一字一句，感受此刻你就在這裡，和對方在一起

② 呼氣，對對方的說話保持好奇心，不急著評論和反駁，待對方說完再作回應

DAY 7　回到當下

在繁忙紛擾的生活中，有時明明想專注做事，心神卻被一句訊息、一個念頭或突如其來的問題拉走。讓我們透過以下練習，提醒自己回到當下。

ACTION 　■ 已完成 · 日期：

　回到當下練習：

① 由起床至入睡前的時段，將鬧鐘設定為每半小時響一次，可選用簡短而悅耳的鈴聲

② 每次鈴聲響起，若情況許可，暫停正進行的工作、對話或念頭

③ 選一個你喜歡的正念練習，全情投入當下兩分鐘

④ 完成自選正念練習後，以新的心情回到你原本要做的事

CHAPTER TWO

整理空間

健康習慣養成之路……

覺察 → 動機 → 行動 → 維持

邀請你在這空間整理思緒，儲備動力將最近嘗試的健康行動轉化成持久習慣！

本章介紹了一系列療癒心靈的練習，請記錄你嘗試過的行動。

列出本章中你最喜歡的三個練習，請説明進行練習後的感覺。

哪些行動是你有興趣但未嘗試的？你打算何時行動？

哪些行動是你目前沒有興趣嘗試的？為甚麼？

你覺得維持心靈健康的最大障礙
是甚麼？

你會嘗試將本章節哪些行動融入
日常生活中？

你會用哪些方法幫助自己持之以恆地
實踐這些良好習慣？

給自己的 **提醒**

自然
環境

Chapter
03

與自然連結

為環境

出一分力

19 感受自然療癒力量

古時候人們趕路至疲倦會背靠樹幹稍作休息,「休息」的「休」字形象化地呈現出人依傍大樹歇息的意象。大量研究證明親近大自然有益身心健康,身處綠化地區的人患心血管疾病與糖尿病的風險較低。另有研究發現病人於手術後透過窗戶觀賞樹林,痊癒速度較只能看到磚牆的病人快,沮喪感亦有下降跡象。外國還有醫護人員為患者開出「自然處方」,按病情建議他們到郊外散步、種樹、聆聽鳥語、觸碰海水等,以改善慢性身心疾病。

現代人活在城市化的空間裡,缺乏自然環境滋養,很容易引發各種身心不適。想親近大自然,不一定要出走遠方,本星期的活動將自然元素融入日常生活,讓大家持續受益於大自然的療癒力量。

DAY 1 享受日光浴

我們常被提醒要防曬和避開紫外光,其實適度曬太陽對身心有益處。陽光是提升維他命D水平的最佳來源,維持骨骼健康。早上起床後享受一會兒日光浴,能促進血清素和褪黑激素的合成,改善心情和提高睡眠品質。

ACTION ■ 已完成·日期:

❶ 今天早上花15分鐘到戶外享受日光浴

❷ 戶外享受日光浴最佳時段是早上11時前及下午3時後

❸ 假如你無法外出,也可到窗邊感受陽光的照射和溫暖

❹ 請避免直視太陽以及在猛烈陽光下看手機,以免影響視力

DAY 2　到公園散步

即使在香港這樣極度城市化的地方，各區仍然存在大大小小的公園，讓附近居民休息與運動，為身心充電。今天請抽出20分鐘到公園散步，在綠化環境中步行健身，同時透過五感與自然融為一體。

☐ 已完成·日期：

運用五感連結自然，記錄在公園看到、聽到、聞到和接觸到的景象：

👁	👂	👃	✋

DAY 3　留意窗外景色

經常困在室內，心也好像被封鎖了。窗戶是我們與外界連結的通道，日常抽一點時間觀賞窗外風景，即使沒有美麗景色也不妨抬頭看看變幻天色、欣賞鄰居種植的花或觀察正在奮力爬窗的昆蟲，將浮躁不定的心聯繫到當下。

☐ 已完成·日期：

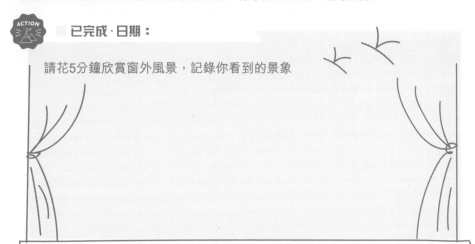

請花5分鐘欣賞窗外風景，記錄你看到的景象

DAY 4 **擁抱大樹**

大樹沉穩可靠，每日旁觀萬物更替、人來人往，閱歷甚為豐富，卻不會高高在
上地批評我們。大樹亦是最佳聆聽者，你可將滿腹心事向大樹傾訴，而不用擔
心它會洩密。今天可到戶外找一棵健壯的樹，嘗試觸碰與擁抱樹幹，用心與大
樹交流，感受療癒的力量。

ACTION ■ 已完成‧日期：

❶ 到戶外找一個安靜的地方，尋找一棵令你感到安全的樹

❷ 欣賞大樹的枝葉和紋理，用手觸碰樹皮，與它打聲招呼

❸ 當你準備好了，可張開手擁抱樹幹，傾訴你的心事，
想像自己被大樹守護與無條件地接納，撫平內心的
疲憊與創傷

 DAY 5 **接地練習**

皮膚直接觸碰大地的行動被稱為接地（grounding），像赤腳踏草地、行沙灘、
到田裡用手挖泥栽種，都是與地球緊密聯繫的例子。有一種說法是接地氣有助
恢復體內電平衡與調節自律神經，減少痛症、炎症和壓力反應。城市人甚少赤
腳在大地上走動，今天請進行接地練習，讓身心與大地連結吧！

ACTION ■ 已完成‧日期：

❶ 到一片看來安全、健壯及未被禁止踐踏的的草地
上，赤腳站立或走動10分鐘；又或者赤腳在沙灘
上行走，但要小心避開碎石與貝殼

❷ 如果你目前無法忍受赤腳踏上草地與沙灘，不必
勉強自己，可以穿上薄襪子或用雙手觸碰青草與
沙粒來完成這個練習

DAY 6 聆聽自然聲音

假如你平時最常聽到的聲音是人聲、車聲、機器聲，今天請準備一張自然音樂清單，善待自己的耳朵和心靈。不管是風聲、雨聲、鳥聲或海浪聲，其平穩的頻率與節奏就像為身心按摩一樣，有助放鬆自律神經，感受當下的平靜。

ACTION ☐ 已完成·日期：

① 到公園或郊外專心聆聽所有大自然的聲音，並將聲音錄下來

② 如果不打算外出，可上網搜尋喜歡的大自然錄音，像風聲、雷雨聲、海浪聲或鳥語聲，想像自己置身療癒的自然環境，暫時放下煩憂

今天聆聽到的自然聲音：

 DAY 7 與花草相遇相知

到公園或郊外散步時，望見兩旁花草樹木，你能辨識植物品種、說出它們的名字嗎？現在有很多手機應用程式能助你辨識植物，瞬間呈現植物的品種資訊。這是一個與萬物產生情感連結的好方法，往後它們不再是不知名的花草，你可在心裡呼喚其名字，打聲招呼，感謝這次相遇，然後好好道別。

ACTION ☐ 已完成·日期：

① 下載辨識植物的免費手機應用程式
（在App平台輸入「識花」或「plant identification」等關鍵字搜尋）

② 到戶外利用程式對著目標花草拍照，或從手機圖庫上載相片，了解植物的品種資訊後，與它們打聲招呼吧！

今天認識了的植物名稱：

20 定格自然一刻

雖然我們的城市是個石屎森林，但只要用心觀察，還是不難發現四周的自然元素。無常的雲、流動的水、石縫中冒出的草、驟然飛過的鳥……每一次和自然萬物相遇，都是一種難能可貴的緣分，讓我們在偶遇的瞬間跟萬物打聲招呼，細心欣賞，再好好道別，從中感受這個世界的美好。

本周的練習是每天帶同一枝筆和一本簿，將你遇到的特定自然景物描繪出來。不用追求畫像完美逼真，只要用心觀察和記錄這次相遇就可以了。假如你不願意畫畫，可選擇將景像以文字或攝影方式記錄下來。

DAY 1 記錄雲的形態

天上的雲變化萬千，有卷雲、層雲、積雲……時而化龍、時而似移動城堡、時而像萬馬奔騰。雲的形成有賴特定條件，它們由水結合，隨風而散，某刻再重新變成水，我們不必執著任何一片雲，可選擇在相遇的當下珍惜與欣賞它們的模樣，然後揮手道別。

ACTION ■ 已完成·日期：

今天你遇到的雲是甚麼形態？
用你的方式將它們記錄下來吧！

DAY 2 **欣賞眼前的花**

花在路邊和公園裡隨處可見,我們平日走路匆匆忙忙,常與這些花擦身而過,可能沒發現每一朵花都與別不同,也沒意識到花從種子發芽生長至盛開是如此難能可貴。今天請付出一點時間,駐足欣賞和記錄眼前的花。

ACTION ■ **已完成·日期:**

尋找一朵花,靜心觀賞一分鐘後繪畫其形態

 DAY 3 **與落葉道別**

樹葉無聲落下,見證著萬物更替與生命輪迴。蕭條的景象也許讓人思潮起伏,卻也教導我們放下執著和順應自然,明白葉適時落下是為了迎接新生。縱然無法挽回眼前的落葉,卻可記錄這瞬間,尊重它短暫而珍貴的生命。

ACTION ■ **已完成·日期:**

想像心中欲放下的事情,臨摹落葉的形態,然後跟它説聲再見

DAY 4 **進食蔬果前仔細欣賞**

蔬菜水果是來自大自然的饋贈，讓我們補充各種營養，得以保持健康。每次吃蔬果的時候，你有沒有仔細欣賞它們的外表？今天將蔬果帶回家後，請細心觀察與記錄它們的顏色、形狀和紋理。

ACTION ▌**已完成·日期：**

畫下蔬果的外形，然後帶著正念專注地享用，別忘了跟它們説聲謝謝

 DAY 5 **觀察自然生物**

生活在城市裡，只要用心仍然不難發現動物的蹤跡。不同品種的雀鳥、松鼠、蝴蝶、昆蟲、蝸牛、貓、狗、魚、龜……我們平日可能甚少留意這些鄰居，今天請保持好奇心，觀察就近的生物，並記錄你的發現。

ACTION ▌**已完成·日期：**

細心觀察一種動物，記錄牠的模樣與動靜

DAY 6 **用心繪畫一棵樹**

樹生長在這片土地上，默默地守護著我們，為人遮蔭、淨化空氣，為昆蟲動物提供棲息空間。每一棵大樹都要經歷數年、數十甚至數百年的風雨才長成如今的模樣，假如樹會說話，不知會告訴我們哪些精彩的故事？

已完成·日期：

感謝一棵樹的存在與付出，繪畫它當下的模樣

 DAY 7 **畫下山的輪廓**

今天我們見到的山，是久遠之前經歷火山作用與板塊碰撞而成。每座山歷盡時間洗禮與重重磨練，沉澱成如今的可靠穩重。任憑冬去春來、人來人往，山依舊挺立原地，不離不棄，值得我們信靠和致敬。

已完成·日期：

請畫下你眼前這座山的輪廓，用心感受山的沉實

21 為地球出一分力

近年世界多個地方因氣候異常引發各種災難,地球發出警號提醒人類關注它的健康。假如未有切膚之痛,即使遠方的警號響個不停,很多人依然會感覺事不關己而無動於衷,繼續製造過量廢物、繼續浪費能源、繼續破壞環境……大自然對人類一直萬分包容,無償地贈予那麼多天然資源與療癒力量,我們也應當盡力回饋,及早為地球療傷。

或許有人覺得當眾多國家和企業製造無法估量的生態災難,個人微小力量根本敵不過洪流,所謂的環保習慣終究徒勞無功。別看輕一己的行動,當你在能力範圍內為地球出一分力,就會與世界各地朝同一方向努力的同行者集合成不容忽視的力量。請由現在開始建立與深化環保生活習慣,做你願意和能夠做的,並持續改變思考與行為模式,讓綠色行動如同呼吸一樣自然。

DAY 1 主動吸收環保相關資訊

所謂耳濡目染,在生活中主動吸收保護生態環境相關資訊,例如拯救海洋、保護野生動物與減碳貼士,除了提高意識,亦更有動機和動力去實踐環保習慣。

ACTION ▓ 已完成·日期:

閱覽環保主題文章或觀看相關短片,在下方寫下內容和你的感想:

DAY 2 **減塑行動**

塑膠被棄置後長達數世紀仍難以分解,更可能釋出有害物質污染土壤與水源。常聽説海洋生物如烏龜、鯨魚體內全是人類傾倒海洋的塑膠,感覺心痛無奈之餘,請從源頭著手減少使用塑膠物品,特別是拒絕只能單次使用的產品。

ACTION ◼ **已完成·日期:**

以下日常減塑行動,你願意實踐多少個?

○ 外出時自備輕便環保袋與水樽,減少使用即棄塑膠品

○ 主動拒絕店員隨手給你的膠袋、膠飲管、膠餐具,並自備替代品

○ 盡可能在家中及餐廳內進食,減少外賣,或自攜餐盒裝外賣食物

○ 家庭用品盡量選用玻璃、金屬、紙、布和木材料取代塑製品

 DAY 3 **將廢物妥善分類回收**

目前各區都有回收設施接收紙張、塑膠、金屬、玻璃等物料及收集棄置電器和衣物等,讓它們逃過被直接送往堆填區的命運。注意並非隨手將廢物掉進收集箱便完事,要了解和跟隨指引再行動,有助減低回收成本。

ACTION ◼ **已完成·日期:**

分類回收前請先留意各類物料回收注意事項:

廢紙	• 先去除書刊紙張夾雜的膠質與萬字夾等 • 留意相片、廁紙、收據、紙袋等不宜回收
塑膠	• 回收膠樽前先清洗、除膠蓋與招紙 • 留意拖鞋、玩具、牙刷和矽膠等不宜回收
金屬及玻璃	• 要先簡單清洗及除去招紙、瓶蓋再回收 • 留意曾盛載化學品的容器不能回收

DAY 4　有意識地節約能源

水、電、煤氣等能源在發達城市裡觸手可得，卻非源源不絕。我們可在生活中有意識地節約及善用能源，例如縮短洗澡時間、無需使用電器時關掉電源、煲湯使用高壓鍋節省燃料等，日常的舉手之勞已有助減少浪費與污染。

 ▊ **已完成 · 日期：**

請在下方記錄你今天做過哪些節約能源的舉動：

節約用水	節約用電	節約煤氣

 DAY 5　使用天然清潔劑

許多家用清潔劑含有對人體與環境有害的化學成分，請挑選一些成分較天然無害的多用途清潔劑，更可考慮以天然材料自行製作！

 ▊ **已完成 · 日期：**

天然清潔劑成分介紹：

白醋	梳打粉	肥皂
• 將醋和清水以1：4比例混合，可清潔磁磚、洗手盆和灶台 • 容器有異味時，可倒進少許醋及一杯水搖晃數下辟味	• 將梳打粉與溫水以1：10比例混合後靜置一會，可清除油垢 • 將梳打粉和醋以2：1比例混合倒進渠口再沖水，有通渠效果	肥皂起泡功能佳，配合抹布可用作洗碗與清洗油垢

DAY 6 感染身邊的人

如果生活圈子中只有你一人實踐環保，可能有點孤獨與無力。嘗試透過對話分享你對環保的想法與施行心得，感染身邊人，例如看到家人朋友隨意丟棄可回收物品，不妨友善地分享回收資訊。你未必能即時改變他人的想法與行動，但每次對話都是一個契機，為自己與地球迎來新的同行者。

ACTION ☐ 已完成．日期：

❶ 你會做甚麼環保行動來感染身邊人？

❷ 你會考慮邀請哪些人成為環保路上的同行者？

 DAY 7 做一件與環保相關的善事

社會上有許多團體與個人正在為環保而努力，值得我們一同支持。今天請將環保與慈善結合，可考慮捐款予環保團體、參與植樹及清潔沙灘活動，或捐贈狀態良好的閒置物品予有需要的人，以愛心回饋地球。

ACTION ☐ 已完成．日期：

❶ 你做了哪些與環保相關的善事？你為何這樣做？

❷ 你行動時有甚麼感受？

22 實踐低碳飲食

食材選擇除了關係到人類的健康，也足以影響整個生態環境能否持續發展。研究顯示糧食生產佔全球溫室氣體總排放約四分之一，肉類和蛋奶類食品已佔所有食物碳排放比例達一半以上；食物加工、包裝和運送的過程中，同樣會增加溫室氣體排放量，令全球暖化問題惡化。

本篇提及的低碳飲食，是主動關注食物與碳排放的關係，建立與自然共存的飲食習慣。即使未能完全放棄肉食或加工食品，也可有意識地在生活中選擇對環境有利的行動，例如每星期其中兩天奉行多菜少肉，或多以本地生產新鮮食物取代空運包裝食品，已是為環境永續出一分力。

 DAY 1 檢視個人飲食習慣

日常在菜肉比例、食材產地、加工程度與烹調方式之上所作的選擇，都足以影響碳排放數量。請先檢視個人飲食習慣，了解自己是奉行低碳或高碳飲食！

ACTION ■ 已完成 · 日期：

你傾向低碳飲食或高碳飲食？

低碳飲食		高碳飲食
○ 素食在飲食中佔較高比例		○ 肉類在飲食中佔較高比例
○ 會特意選擇本地生產食物		○ 較多進食外國生產食物
○ 經常進食時令新鮮食物	VS	○ 經常吃預先包裝冷藏食物
○ 多吃涼拌及簡單蒸煮食物		○ 多吃經過炊煲烤炸的食物
○ 較少吃剩和棄置食物		○ 經常吃剩和棄置食物

DAY 2 多菜少肉的一天

養殖家畜需要耗費大量飼料和食水等天然資源，當中以紅肉如牛、羊的碳排放量最高，而蔬果、豆類、海藻菇菌類食材生長過程對環境形成的負擔則較少。為了個人與地球的健康著想，即使未能徹底茹素，也可調整飲食比例，每星期安排最少一天刻意多吃素、少吃肉。

ACTION ■ 已完成·日期：

素食例子：蔬菜、水果、豆類、菇菌、海藻、植物油、五穀、果仁

記錄今天選擇的所有素食食材	今天肉類在三餐中所佔比例：
	/ 100%

DAY 3 選擇本地生產食物

平日選擇食材會留意原產地嗎？在全球化影響下，我們輕易買到千里以外製造的食物，要留意食物產地距離愈遠，運送與儲存過程中所耗費的資源便愈高，因此選擇本地生產的食材除了較新鮮，亦更加環保。

ACTION ■ 已完成·日期：

今天請留意食物產地，並挑選一些本地生產食物

今天所選食材的產地	我今天選擇了以下本地生產食物

DAY 4 選擇當季食材

在善待身體的章節裡，我們提及過進食時令食物有助調養身體。選擇當季新鮮食材的另一重意義是保護環境，種植合乎季節的食物可減少肥料與農藥用量，亦避免加工、冷藏與運送等耗費資源的工序。今天請順應時節挑選食材！

ACTION ■ **已完成·日期：**

到菜市場挑選一些當季時令食材，例如夏天買冬瓜、芒果，冬天選擇白蘿蔔和芋頭等。假如你毫無頭緒，可主動請教檔販取得靈感！

記錄今天選擇的當季食材

DAY 5 減少購買加工和包裝食物

加工和包裝食物在製造過程中需要用上大量能源及物料，難免造成浪費，尤其以發泡膠、膠袋包裝的食物就更不環保。有時你只不過想買幾個蘋果，可考慮買散裝的，並自備環保袋裝好，而避免選擇一些過度包裝的產品。

ACTION ■ **已完成·日期：**

今天請刻意選擇少加工、包裝精簡甚至無包裝食物！

購入/進食食物種類	是否經過加工？	包裝採用物料

DAY 6 **採用節能烹調方法**

不同煮食方式消耗的能源量不一樣，涼拌、清蒸、白焯與快速煎炒比起長時間炊、燉、煲節省更多能源。煮食前先將食材切小塊或浸泡，或者用高壓煲等工具，亦可令菜餚更快煮熟，達到節能的效果。

ACTION ▌**已完成·日期：**

準備食物時可參考以下節能烹調貼士：

① 適量地生吃新鮮食物如青瓜、沙律菜、水果和果仁種子

② 預先將食物解凍、浸泡和切小塊，縮短煮食時間

③ 選用陶瓷鍋、高壓或燜燒鍋等儲熱功能佳的煮食用具

④ 用蒸爐或焗爐的話，可同時間蒸焗數款食物，節省能源

 DAY 7 **自行設計低碳飲食餐單**

經過數天的低碳飲食實踐，相信你對低碳飲食有更深刻的認識和體會。今天請運用本周所學的原則，自行設計一日三餐的低碳飲食餐單。請考慮到食材、食物來源、加工程度、分量與烹調方式等原則，鞏固你對低碳飲食的理解！

ACTION ▌**已完成·日期：**

請設計一日的低碳飲食餐單（自家煮或外吃均可），並嘗試實踐：

早餐	午餐	晚餐

WEEK

23 從源頭減廢

你知道我們每日製造的廢物量有多驚人嗎？環保署報告顯示2020年本港棄置於堆填區的固體廢物總量為539萬公噸，相當於約36萬架雙層巴士的重量。當中家居廢物量佔了將近一半，其中以紙張、塑膠和廚餘佔量最多，我們固然該加強分類與回收，減少堆填區的負荷，更重要是從源頭減廢，在生活中各個層面善用資源、減少浪費。

外國有不少環保達人在網上發起零浪費挑戰，於限定時間內極力減少廢物量。一名美國女孩自大學畢業後開始實踐零廢棄生活，不購買任何包裝商品、穿二手衣服及自製生活用品，幾年間累積的垃圾總量還裝不滿一個小玻璃瓶。也許你自覺無法做到這般極致，沒關係，一天做一點，按照個人能力減少廢物量，已是值得讚許的環保行動。

DAY 1 檢視廢物種類與數量

減廢的第一步是檢視自己目前製造廢物的情況。今天不用刻意減少廢物量，只需在晚上點算自己外出時及在家裡製造的廢物量就可以了。

ACTION

■ 已完成·日期：

請用透明容器盛載你今天製造的垃圾，或在每次丟棄垃圾前拍照記錄

今天製造了以下廢物	廢物總件數 / 重量	自覺可減少以下廢物

DAY 2 ## 購物前三思

過度與衝動消費是造成浪費的主因之一。總是忘記家中已有物品，經常重複購買，又或者一時衝動而購入很多非必要物品，最終閒置或棄掉，均屬於不負責任的消費態度。生活必需品其實比想像中少，請在購物前多作考慮。

ACTION ■ **已完成·日期：**

購買任何物品前，請先問自己以下問題：

1 我為甚麼想買這件物品？

2 我真的需要它嗎？必須現在就買下來嗎？

3 家中已有同類型物品或其他替代品嗎？

💡 **小提醒：** 非必要和急需的物品，可給自己幾天冷靜期再作考慮！

 DAY 3 ## 沒有剩食的一天

當地球某些國家有人每天為了糧食問題掙扎求存，身處已發展地區的人們卻將大量剩食棄置到堆填區。無論是肉食、蔬果、五穀或包裝食品，由生產至送到我們手上都花費了大量資源與人力，請好好珍惜，盡力避免浪費。

ACTION ■ **已完成·日期：**

減少剩食貼士：

1 按照個人胃口點餐或烹調分量剛好的食物，盡量吃光

2 將吃不完的食物妥善保存及冷藏，留待下餐食用

3 買食材前擬訂購物清單，避免衝動與重複購入食材

4 清點家中儲存的食品，即將過期的優先食用

我今天吃剩了的食物：

DAY 4　不買過度包裝的物品

過度包裝是主要的廢物來源之一，為了美觀得體或加強保護，很多商品被一層層紙張、填充物料、發泡膠、膠袋和紙盒等包裹。特別是網購產品的過度包裝問題更為嚴重，每次購物等同接收一堆無用廢物，對環境產生重大影響。請盡量選擇簡約與環保包裝的產品，並減少非必要的網購，減少造成的污染。

ACTION　■ 已完成・日期：

今天有嘗試減少購買過度包裝的產品嗎？　● 有　● 沒有

近期購入的物品種類	包裝層數	包裝物料

 DAY 5　對即棄物品說不

現代人為了方便經常使用即棄用品，抹手紙、塑膠飲管、即棄外賣餐盒與餐具等，很多都是不可回收，只用一次甚至未用過便被送往堆填區長眠。別為了一時方便而讓環境付出巨大代價，請有意識地減少使用即棄物品！

ACTION　■ 已完成・日期：

減少使用即棄物品貼士：

❶ 外出時自備水樽，不買樽裝水

❷ 到食店買外賣時自備乾淨的可重用餐盒，減少使用即棄飯盒

❸ 購物時自備環保袋，並主動向店員表明不要膠袋與紙袋

❹ 如意外獲得即棄用品，重複使用數次後才回收或棄置

DAY 6 **捐出一件用不上的物品**

你家中有沒有一些狀況良好但你已用不上的閒置物品？就這樣丟棄十分浪費，可選擇轉贈他人，給予它們第二生命。將閒置物品放至各區的回收箱固然方便快捷，但假如你有時間的話，可花點心思詢問身邊朋友或一些「免廢」群組的網友是否需要這些物品，盡力為舊物尋找合適的新主人。

ACTION ▓ 已完成・日期：

點算家中有哪些閒置物品可以捐出，再考慮其去向：

待捐贈物品	計劃將它捐到以下地方

 DAY 7 **再次檢視廢物種類與數量**

經過幾天的練習，你的減廢意識可能提高了不少。今天請刻意減少廢物量，晚上點算自己一整天製造了哪些廢物，看看和第一天有沒有分別。不管是進步或退步了，減廢非一兩天的事，只要有意識地持續實踐，就能往好的方向轉變。

ACTION ▓ 已完成・日期：

請用透明容器盛載你今天製造的垃圾，或在每次丟棄垃圾前拍照記錄

今天製造了以下廢物	廢物總件數 / 重量	和首天行動的分別

24 營造舒適生活環境

常言道家是每個人的避風港，無論在外面受了多少挫折、身心有多困倦，回家後都可卸下面具與盔甲，找回內心的平靜。然而，一個環境惡劣、雜亂不堪的居所，反倒會成為人們的壓力來源。近幾年我們待在家裡的時間多了，居所齊集休息、學習、工作、聯誼與娛樂等多重功能，營造舒適自在的家居環境，對於提升不同層面的健康都非常重要。

此心安處是吾家，我們不必搬家或重新裝修居所才能讓居住空間煥然一新，本章及接下來兩個章節將邀請大家進行不同練習改善與整理家居環境，期望大家每次回到家中都有真正舒服放鬆的感覺。

DAY I 繪畫理想家居藍圖

每個人心目中的理想家居環境不同，有人偏好淨白簡潔無雜物，有人希望家居具有個人色彩風格。撇除居所大小的考慮，今天請專注想像自己喜歡的家居環境，假如你毫無頭緒，可上網搜索家居設計的例子，按個人喜好在下方繪畫你喜歡的家居環境，然後以此為目標去努力吧！

ACTION

■ 已完成·日期：

繪畫你理想中的家居環境（例如風格、顏色、布置與空間規劃）

DAY 2 布置讓你放鬆的區域

家中有沒有某個角落令你感覺平靜放鬆？即使住在蝸居、即使家人關係不佳，也可將家中一隅布置成你喜歡的模樣，清空該處的雜物、增添少許有助放鬆心情和提升歸屬感的點綴，讓你每次身處這角落都能為身心充電。

ACTION 已完成·日期：

畫出你平常會休息與放鬆的空間

在這專屬休息區域裡做以下事情：

1. 清理空間的雜物，減少視覺噪音
2. 增添你喜歡的裝飾布置，如本身已有，便好好欣賞它們
3. 在空間裡全心休息與享受5分鐘

 DAY 3 以光線營造舒適氛圍

光線會影響一個人對空間的感覺與視覺舒適度，屋內整天陰陰沉沉會令人情緒與士氣低落。自然陽光固然最振奮精神及具療癒作用，但如果因環境限制令家居日照不足，也可利用燈光為家居不同位置營造理想氛圍。

ACTION 已完成·日期：

調節室內光線貼士：

1. 窗戶不要被物件遮擋，日間打開窗簾，讓自然光照進屋內
2. 考慮照明工具的色溫，睡房、客廳、浴室用微黃暖光，有助放鬆心情；用作溫習與辦公的空間則採用明亮而不刺眼的中性白光
3. 留意書桌及電腦桌擺放位置不要背光，以免產生視覺疲勞

DAY 4　保持空氣流通

我們長時間待在室內一呼一吸，確保室內空氣清新與流通對健康非常重要。如果你因開冷氣或阻隔噪音而經常緊閉窗戶，請定時開窗讓新鮮空氣進入室內，並善用風扇與抽氣扇製造對流，以稀釋室內的廢氣和污染物。

ACTION　▌已完成‧日期：

保持室內空氣流通貼士：

① 每兩小時打開室內所有窗戶最少10分鐘，讓空氣流通

② 如只有一扇窗，可同時開窗與房門，並開風扇朝窗口吹10分鐘

③ 如室內無窗，可打開房門，並將風扇朝門口吹10分鐘

④ 清潔及煮食的時候要開窗或房門一會，保持室內空氣清新

 DAY 5　定期打掃家居

許多人因為生活壓力而身心俱疲，每日回家看到滿室髒亂也只能袖手旁觀。明亮整潔的家居環境能令身心更健康，無需天天大掃除，只要花幾分鐘簡單地順一順雜物位置、清理一下灰塵油垢，已能即時帶來視覺與心情上的轉變。

ACTION　▌已完成‧日期：

今天請花10分鐘時間進行簡單家居清潔：

○ 將玄關的鞋收好或排列整齊

○ 將家中最少3件隨手亂放的物品整理歸位

○ 用抹布簡單清理一下你見到的灰塵與油污

○ 刷牙或卸妝的時候順手清潔一下洗手盆

DAY 6　為空間增添舒心香氣

每個空間都有特定氣息，有令人厭惡的，也有令人愉悅與放鬆的。在確保空氣流通後，不妨為家居增添天然香氣，無論是擺放鮮花、水果抑或購買天然的香氛精油與香味蠟燭，只要是你喜歡的味道，就能創造個人理想空間的氛圍。

ACTION　■ 已完成·日期：

以下是不同香氣的功效，你喜歡的香氣又是甚麼？

① **薰衣草、玫瑰**　寧神鎮靜、紓緩身心壓力，有助入睡

② **檸檬、香茅**　氣味清新、振奮精神，讓人感覺清爽

③ **檀香、雪松**　自然木香能平和心情，感覺沉穩溫暖

💡 **小提醒**：購買香氛精油時要留意成分，避免使用化學合成香精

 DAY 7　將自然元素融入家居

栽種花草為家居帶來生氣並能淨化空氣，視覺、生理與心理上皆得到療癒。嘗試帶鮮花與盆栽回家，由種子開始栽種更能感受自然規律的奧妙。自覺是「植物殺手」的朋友試從多肉植物、黃金葛與虎尾蘭等較易打理的植物入手。假如種植對你真的有困難，亦可在家張貼自然風景畫，透過欣賞畫作放鬆心情。

ACTION　■ 已完成·日期：

① 假如你家中沒有任何植物，請物色一棵帶回家

② 搜尋照顧這類植物的竅門，用心栽種

③ 花5分鐘時間用心觀察植物的外貌，它有多少片葉？生長狀態健康嗎？
　　為植物打打氣，祝願它們健康成長，藉此學習關愛萬物

25 捨棄不再需要的物品

現代人物質豐盛，加上消費主義盛行，許多人家中存在大量明明不需要卻佔據空間的雜物。每次取用物品都像大海撈針，因居所混亂影響心情與生活質素。當家裡雜物過多，我們很難進行妥善分類及整理，首要任務是減少物品的數量。有些朋友對捨棄物品感到困難，理由通常是「曾花錢買回來的，就此丟棄太可惜」，或者是「怕以後有機會再用得上！」這些想法皆圍繞過去與未來，而非回應自己當下的需要。

本周的練習是陪同大家循序漸進地捨棄目前已不再需要的物品。捨得捨得，有捨才有得，當你捨棄不再需要的物品，便能得到更廣闊與舒服的生活空間，同時讓心靈變得更自由。

DAY 1　選出真正重要的物品

很多人對甚麼是重要物品有些困惑，換個方式問，假如要漏夜逃離家園，只能攜帶數件物品，你會選擇打包甚麼？我們平日對很多物品存在執念，這練習能釐清對自己真正重要的東西。往後對於捨棄物品感到猶豫之時，請思考它是否被歸入對你重要的類別，便能更快速地下決定。

ACTION　■ 已完成·日期：

請選出5件對你最重要或能讓你感到快樂的物品，並說明原因：

DAY 2 捨棄過期用品

要踏出捨棄物品的第一步，試試從最少感情牽涉的類別著手，例如過期物品。許多物品都有使用期限，你家中有放至過期的食物與護膚用品嗎？家中常有過期物品代表你根本不是真正需要它們，又或者物質過剩，才會輕易忘記。

ACTION ☐ 已完成·日期：

今天的任務是清理家中所有過期物品，例如食物、醬料與護膚品等，不用考慮「這個將來還有沒有用？」，可較快做決定和行動！

記錄你捨棄的過期物品：

 DAY 3 捨棄破舊損壞物品

破舊損壞的物品與過期用品一樣是較易淘汰的類別，例如破舊的毛巾、鞋襪、餐具、手袋與壞電器等，若清楚自己沒意欲修補及不會再用，請盡快捨棄或回收。如果想物盡其用，可在丟棄舊襪子和毛巾前用來當抹布清潔家居。

ACTION ☐ 已完成·日期：

今天的任務是丟棄一些破舊損壞的物品，如果你覺得有點浪費而想嘗試修補，請馬上行動，或放在當眼位置，一星期內仍未修補便要捨棄！

記錄你捨棄的破舊損壞物品：

DAY 4 ## 捨棄沒用的文件與單張

紙品類如舊信件、文件、筆記、宣傳單張和小冊子等，若需保存或有紀念價值便抽起集中擺放，待有空時再以收納工具整齊排好。餘下的紙張別讓它們佔據你過多空間，視乎其紙質快點進行回收或棄掉。

ACTION ■ 已完成·日期：

將家中紙品集中起來檢視，依個人原則進行篩選，例如成績單和月結單「有用」、宣傳單張「沒用」，棄掉或回收不再需要的紙張！

記錄你捨棄的紙品種類和數量：

 DAY 5 ## 捨棄不再看的書本

今天請檢視家中書本，問自己多少本是你真的已閱或打算看的？別讓書本淪為佔據空間的裝飾品，若不打算再看，趁早捨棄吧！狀態仍然良好的書籍可捐出或賣出，讓新主人延續它們的生命。

ACTION ■ 已完成·日期：

篩選家中書籍，哪些需要留下？哪些不會再看？盡快捨棄或捐出不會再看的書！如發現有想看而未看的，抽出來盡快閱讀吧！

記錄你打算捨棄的書本：

DAY 6　捨棄不合身的衣服

衣物相對其他物品可能需要多一點心力篩選,請先棄掉一些明顯不合身、變色變形、穿洞和過時的衣服!然後再試試捨棄那些你總相信自己會穿,實際上已兩三年以上沒穿過的衣服。

　已完成 · 日期:

下章會再提及整理衣櫃的技巧,今天請不用勉強自己,先簡單篩選出最少一件不合身或不打算再穿的衣物,進行回收或捨棄便可以了!

記錄你捨棄的衣物:

 DAY 7　告別不再喜歡的精品收藏

每個人總有些珍藏的物品,兒時玩具、愛收集的品牌系列、親人贈送的擺設、旅行紀念品……請記著收藏品的最大功能是令人愉悅,假如因數量太多和無力整理而心煩,便是時候進行斷捨離,不再被物品束縛心靈。

　已完成 · 日期:

檢視個人擺設與玩具,假如你覺得某些收藏品已沒有價值和太佔空間,對它們沒感覺了,現在就跟它們説再見吧!

記錄你打算捨棄的精品收藏:

WEEK 26 整理生活空間

生活空間整齊度與身心健康息息相關，身處混亂環境難免影響心情，亦容易發生家居意外引致受傷。所謂整理並非將一堆物品從某處原封不動地搬到別的位置，過程中需要進行檢視、分類篩選和定位收納，為物品找到合適的家。整理是一個直面內心的機會，先構想渴望的空間模樣、思考每件物品對自己的意義，再決定怎樣的空間安排最合理及符合個人需要。

經過上周的斷捨離行動，各位家中可能已清空了一些位置，可以嘗試動手整理和收納。每天完成一件小任務，空間自然逐漸變得更清爽整潔。

DAY 1 訂立整理目標

在動手整理之前，要先弄清楚個人目的與目標。例如某人整理的目的是讓家居環境舒適，取用物品更方便，不必再大海撈針及忘記自己擁有甚麼。他目前最想整理的空間是衣櫃，目標是將衣櫃清空三分一位置，棄掉不穿的衣物。訂立一個清晰的整理目標，能讓你更有方向與動力完成任務。

ACTION ▌已完成·日期：

請回答以下問題，制定你的整理行動計劃書

❶ 你為甚麼想整理？

❷ 你最想整理哪個位置？

❸ 你希望產生哪些轉變？

❹ 你打算何時開始行動？

DAY 2 將整理項目分成小任務

整理最需要的是動力！假設居所各處混亂不堪，一想到幾天幾夜都收拾不完，自然感覺洩氣和極力逃避。秘訣是將整理目標分成多個小任務，例如收拾睡房可分為清理垃圾、打掃灰塵、將閒置物品分類、整理床頭櫃、整理衣櫃、整理其中一格抽屜和更換床單等，然後選一項自覺不太難的，馬上動手做吧！

ACTION ■ 已完成·日期：

目前我最想整理的空間：

將目標分割成以下小任務，並圈出你能馬上行動的一項：

DAY 3 將三件物品放回原位

我們有時為了一時方便會隨手放置物品，例如將衣服掛在椅背上、買回來的東西一直放在地上，待雜物堆積成小山，便要花很多心力整理。嘗試在當眼位置張貼「物歸原處」提示，習慣順手將物品放回原位，生活會變得更有條理！

ACTION ■ 已完成·日期：

今天試試將三件曾隨手亂放的物品歸位，例如將椅子上的衣服掉進洗衣籃、地上的書放回書架！在下方記錄你放回原位的物品吧！

整理玄關位置

玄關是自己和客人進屋後第一眼看見的地方，也是每日準備出門的地方，整理好能讓自己出入居所都保持平靜愉快的心情。若然你家的玄關堆了一些雜物，或者每次回家都將鞋和鎖匙隨意亂放，今天請花點時間順一順位置吧！

 ■ **已完成·日期：**

整理前 整理後

 整理你的文具

你清楚自己擁有多少枝筆和多少把剪刀嗎？文具雖然不太佔空間，卻是容易遺忘和隨意亂放的物品，又或者每次趕時間要用筆，才發現沒有墨。趁今天花點時間整理你的文具，餐具和日用品都能以相同原則進行整理收納。

 ■ **已完成·日期：**

1 **檢視** 點算個人文具的類別和數量，進行記錄

鉛筆：◯ 原子筆：◯ 擦膠：◯ 間尺：◯ 剪刀：◯

2 **分類** 將無法再用的捨棄，留下的按類別和使用頻率分類

3 **歸位** 將已篩選的文具放到方便取用的空間，如果使用多層收納抽屜，可貼標貼標明每格物品，方便取用

DAY 6 簡單整理衣櫃

整理衣櫃對許多人來說是浩瀚工程,若將衣櫃塞得太滿,每次取放衣服便要承受山泥傾瀉之苦。最好將衣服分類,為每類衣服劃出固定收納位置,例如短袖衫放第一格抽屜、褲掛在衣櫃第二層,方便每次清洗後放回原位。

ACTION ■ 已完成·日期:

整理衣櫃貼士,不用即時完成所有,做你能做的便可以了!

1 以衣架量和收納空間大小來限制衣物數量,別超過九成滿

2 盡量將襯衫、裙、褲和外套分類和分顏色以衣架掛起

3 抽屜內的衣服以直立式摺法擺放會更易取用

 DAY 7 維持整理好習慣

整理並非一星期的事,努力減少雜物與整理空間後,最重要是養成良好習慣,持續檢視與收拾生活空間,才能讓空間一直保持清爽與整潔。

ACTION ■ 已完成·日期:

維持整理習慣重要原則:

1 定期檢視自己擁有甚麼物品,減少因忘記而反覆購買

2 採用加一減一法則,買一件非必需品便捨棄一件,為空間留白

3 每次購物回家後,即時為物品妥善分類,同類物品集中擺放

4 讓每件物品有固定收納位置,亦可貼標貼提醒自己用後歸位

5 收納容器及配件盡量用同款同色系,視覺上更清爽整齊

6 每月最少整理一次,可將任務分割成小部分,一次只做一點

CHAPTER THREE

整理空間

健康習慣養成之路……

覺察 → 動機 → 行動 → 維持

邀請你在這空間整理思緒，儲備動力將最近嘗試的健康行動轉化成持久習慣！

本章介紹了一系列改善環境的練習，請記錄你嘗試過的行動。

列出本章中你最喜歡的三個練習，請說明進行練習後的感覺。

哪些行動是你有興趣但未嘗試的？你打算何時行動？

哪些行動是你目前沒有興趣嘗試的？為甚麼？

你覺得促進環境健康的最大障礙
是甚麼？

你會嘗試將本章節哪些行動融入
日常生活中？

你會用哪些方法幫助自己持之以恆地
實踐這些良好習慣？

給自己的 **提醒**

建立

關係

Chapter

04

建立健康

人際網絡

與他人一同成長

27 檢視個人社會連結

人類天性有群居的需要，人際聯繫與交往能帶來安全感和增加生存機會。除非是打從出生起獨自流落森林與荒島，否則任何人一生中都會與不同人產生社會連結，包括父母、家人、戀人、長輩、朋友、同學、工作伙伴、街坊鄰里等。

人際關係和連結會帶來一定的歸屬感，讓我們清楚自己的角色和定位，在依靠他人的同時被人需要。這些關係是每個人重要的社會資本，能藉此得到心理、物質、人力和生活上的支持，是維持身心健康不可或缺的一環。今個星期就讓我們檢視個人社會連結，假如你發現自己的社會安全網不太穩固，是時候用心建立與鞏固有意義的人際關係。

DAY 1 點算人際支援網絡

人際關係有許多種，有親密及互相陪伴的對象，也有分享感受與興趣的對象。你目前的社會支持網絡是怎樣的？誰令你感覺信任與被愛？面對難關時可對誰傾訴？有沒有團體令你有歸屬感？能想到的對象愈多，支援網絡便愈穩固。

ACTION ■ **已完成·日期：**

填寫你目前的人際支援網絡（每欄可填多於一位）

❶	關心與愛護我的人	
❷	可以傾訴心事的人	
❸	可以一起玩樂的人	
❹	可以一同努力的人	
❺	讓我有歸屬感的團體	

繪畫家族樹圖

家庭是我們建立關係的重要場所，今天請製作個人家族樹圖，在樹上以自己為中心，再用線條連結你的每位家人和親友，畫下他們的模樣或寫下名字。也許你對每位成員有不同感覺，但嘗試在念及各人名字時送上祝福。

ACTION □ 已完成·日期：

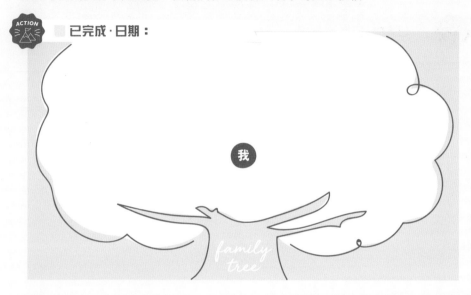

我

family tree

DAY 3 **你最重視的人**

在認識的人當中，有沒有某幾位是你特別重視，經常放在心上的？他們是誰？你對他們又有足夠的了解嗎？試寫下你最重視的三位對象，並回答幾道關於他們的問題。假如答不出來的話，把握機會問問他們吧！

ACTION □ 已完成·日期：

	重視之人	最喜歡	最討厭	最擅長	夢想
1					
2					
3					

DAY 4 **定格關係裡的美好片段**

生命中很多美好時刻源於與別人的交流和分享。節日時家人相聚、跟朋友到有趣的地方遊玩、戀人間的甜蜜互動、與同事齊心完成大型活動……嘗試回想一個人際關係裡的美好時刻，在下方定格下來。

ACTION ■ **已完成·日期：**

繪出／貼上人際互動美好時光的照片

記下當時的經歷和感受

時間：

地點：

人物：

事件：

感受：

 DAY 5 **給你支持和力量的人**

人生充滿高低起伏，當你努力向上時，誰人在旁給予鼓勵和肯定？當你身處逆境時，誰人與你同行、扶上一把？無論支持力量是源自家人、朋友、師長或陌生人，也屬於珍貴的人際連結，值得被好好記住。

ACTION ■ **已完成·日期：**

❶ 寫下回憶中被支持、陪伴或幫助的經歷

❷ 你的感受：

DAY 6 檢視自己為他人的付出

平衡人際關係裡的需求與付出，有時候旁人支持你，有時候你幫助別人，互相信靠與扶持，能讓關係更穩固健康。每個人無論能力高低，總有被需要和貢獻力量的機會，請檢視你曾經及願意為他人付出甚麼。

ACTION　　■ 已完成 · 日期：

1️⃣ 寫下你在關係裡為人付出的片段（對象可以是熟悉或陌生的人）

2️⃣ 你的感受：

DAY 7 檢視關係裡的角色比例

每個人在一生中都有多重角色，例如我是某公司的員工，也是某人的子女、伴侶、姊妹、朋友等。各個階段重心不同，有人或會過度投入某個角色（例如時間全花在工作上）而忽略其他部分。角色間的時間分配不需要絕對平均，但可按個人需要定期檢視與調整，兼顧每段關係、每個角色間的平衡。

ACTION　　■ 已完成 · 日期：

我的角色	目前比例	理想比例	我的角色	目前比例	理想比例
父母 / 長輩	%	%	朋友 / 同伴	%	%
子女 / 手足	%	%	員工 / 學生	%	%
伴侶	%	%	公民 / 義工	%	%
自己	%	%	其他：	%	%

WEEK 28 提升社交技巧

社交技巧是人際間互動溝通的能力，需要善用語言和非語言方式清晰表達自我，同時能夠明白他人，當中牽涉到說話、聆聽、理解、請求與協商等軟技能。良好的社交能力促進人際間和諧相處，讓我們保持健康社會連結，擁有充足人脈、資源和情感上的支持。

我們並非天生懂得自然地與人交流，社交技巧需要透過持續的人際互動練習才得以提升。假如自覺不懂交際而一直逃避與人接觸，會令社交能力退化。請記著社交技能如肌肉一樣需要和可以鍛鍊，刻意挑戰一些令你有點不習慣的群體活動，嘗試體驗和接納練習時的不適感，跨過了就能變得更強大。

 DAY 1 留意個人社交方式

有時我們可能因為個人性格、情緒狀態或缺乏正面溝通榜樣，出現了一些不利社交的言行習慣而不自知。這不代表你有毛病，但假如你希望提升社交技巧，可以多加留意和改善這些問題。

ACTION ■ 已完成·日期：

你有出現過一些影響溝通品質的特徵嗎？

- 經常逃避社交場合
- 逃避眼神接觸或眼神閃躲
- 對話時態度咄咄逼人
- 大部分時間在說自己的事
- 容易發脾氣及與人爭論

- 碰面時不與人打招呼
- 沒有專心聆聽別人的話
- 對話時態度敷衍冷淡
- 發言沒顧及他人興趣感受
- 壟斷發言或打斷別人的話

DAY 2 訂立個人化社交目標

昨天我們檢視過一些影響社交品質的溝通特徵，今天嘗試按需要訂立個人化的改善目標。例如常逃避社交場合，可先由參與小圈子活動開始，逐步挑戰人數更多的聚會。訂下目標後，就從現在開始刻意練習吧！

ACTION　■ 已完成·日期：

我覺察到自己在溝通相處上的問題	我希望作出的改善
例：會不自覺地打斷別人的話	例：保持耐性，發言前深呼吸

 ## DAY 3 友善的眼神接觸

你在社交場合能與人保持自然的眼神交流嗎？在視線相觸的瞬間會否感覺不自在，馬上望向別處？抑或常不自覺地皺眉，盯著別人看，令人產生壓力？友善的眼神和笑容能釋出善意，促進人際間正面連結，值得花時間練習一下。

ACTION　■ 已完成·日期：

請完成以下眼神接觸練習：

1 **練習一：**望著鏡中自己的雙眼半分鐘，
　　　　保持自然呼吸與微笑

2 **練習二：**與熟悉信任的人聊天時對視10秒以上
　　　　（不用直視對方瞳孔，可將目光聚焦於對方眉心，
　　　　保持自然呼吸與微笑）

3 **練習三：**與不熟悉的人進行眼神接觸，輕輕點頭展露微笑

DAY 4　善用觀察而非評價

根據馬歇爾‧盧森堡的非暴力溝通原則，我們該學習區分觀察與評價，例如「我看見你睡午覺」是觀察，而「你很懶惰」是評價。與人對話時清楚表達自己的觀察結果，而不必加插太多個人判斷與評價，能避免溝通演變成衝突。

ACTION　☐ 已完成‧日期：

用你生活中的溝通情境，嘗試區分觀察與評價：

評價	觀察（陳述事實）
例：你忘了我生日，根本不重視我！	例：你今天沒對我說生日快樂

DAY 5　表達個人感受與需求

當身邊人言行令我們產生不愉快的情緒，有時既不想苦苦壓抑，又不願隨意發洩情緒。壓抑和爆發之間有很大空間，若希望被明白，不用指責對方，可善用情緒詞彙清晰地表達個人感受與需求，例如「我覺得很難過」、「我感到失望」、「我希望被尊重」，以減少冒犯的方式說出自己的真正心聲。

ACTION　☐ 已完成‧日期：

Say your feelings

用你生活中的溝通情境，表達個人感受與需求：

表達感受	表達需求
例：你說了這句話，我很難受	例：我希望被尊重，你能換個說法嗎？

DAY 6 覺察個人聲線和語氣

除説話內容外，聲線和語氣皆會影響溝通品質。語氣太冷淡、高亢、輕佻、暴躁、不耐煩，再加上語速太快或太慢，旁人聽起來都不太舒服。此外也要視乎場合，用恰如其分的聲調説話。

ACTION ▌**已完成．日期：**

留意自己説話時的聲線語氣，或在情況允許下錄音

1 嘗試描述自己的聲線／語調／語速：

2 我希望自己的聲線／語調／語速更加：

按照你希望調節的方向，重新説出／錄下同一番話，聽聽兩者分別

 DAY 7 專注聆聽別人的話

提升社交技巧的重點除了學習如何説話，還要懂得聆聽。在別人跟我們交談的時候，該專注地聆聽對方。除了傾聽説話內容，更重要是了解話語背後的感受和想法。即使你不完全同意對方，別急著打斷，試著讓他們完整地説出想説的話，再用心去回應。

ACTION ▌**已完成．日期：**

今天請抽空專注地聆聽另一個人的説話，並填寫筆記：

對象	説話內容撮要	傾聽到的想法和感受

WEEK
29 用心投入關係

上周我們提及一些促進社交的技巧，希望大家有從中溫故知新。要留意人與人之間的相處不能只看技巧，還要付出真情實意，才能建立穩固的關係。有些人擅長運用高超手段操弄關係，能討得一時歡心與利益，卻難經得起時間的考驗。

我們每天花很多時間在工作與謀生之上，別忘了真摯美滿的關係是普遍人幸福感的重要來源，值得投放心思維持。所謂心思包括平常心、好奇心、專心、細心、真心、用心和虛心，你付出的每一份心意，都會為彼此的情感帳戶注入成長養分，讓你和他人的連結更加緊密，共同創造美好的回憶。

DAY 1 以平常心接納彼此不同

人際間的矛盾很多時源於彼此不同而拒絕互相接納，以自我為中心，意圖排斥或改變與自己存在個性、意見、偏好、習慣、能力和價值觀等差異的人，容易形成衝突與隔膜。我們和身邊人的差別有時可進行互補，亦讓世界變得多元、豐富和精彩，試想像所有人各方面都一式一樣，這個世界會有多無聊？

 ACTION ▢ 已完成·日期：

檢視一位與你存在較大差異的身邊人，嘗試寫下各自的不同，並將這些分別視為特點而非缺點，學習和而不同。

對象	個性	喜好	習慣	專長	價值觀
我					
他人：					

我 ⚪ 能 ⚪ 不能 接受彼此的不同，因為＿＿＿＿＿＿＿＿＿＿＿＿

DAY 2 對別人的故事保持好奇心

談論自己的想法、感受、興趣和故事時會有一種釋放和被關注的快樂感，別忘了溝通是一個互動過程，當你在聚會與對話中積極表達自我的同時，請對別人想說的話保持尊重與好奇心，提出合宜的開放式問題讓他人有機會談及自己。

ACTION ☐ 已完成·日期：

提問有助了解別人的想法和經歷，可因應場合及彼此熟悉程度，詢問合宜的開放式問題，例如：這想法真有趣，你為何會這樣想？介意說詳盡一點嗎？

寫下幾道你有興趣了解他人的問題：

 DAY 3 專心投入相處時光

現代人經常一心多用，在交談時忙於工作、玩手機或想著自身的問題，對別人說的話心不在焉，答話也顯得隨意而敷衍，錯過了真誠交流的機會。無論你多麼忙碌，每天請抽出一點時間，與人對話時全情投入，放下手機、放下工作、別只盯著電視，專注在你們此刻的交流之中。

ACTION ☐ 已完成·日期：

今天請抽出一段時間，短至15分鐘也好，全神貫注地陪伴一位家人、伴侶或朋友。在這段時間內放下手機、工作及其他干擾，專注地與對方交流互動。

這段全情投入的相處時光中，你們傾談或做了甚麼？你有何觀察與感受？

DAY 4 細心體察別人的需要

每個人的需要都不太一樣，當我們將別人放在心上，留意他們的特性、好惡、習慣和狀態，就能細心地照顧身邊人的需要。例如親友茹素，約吃飯地點時要留意餐廳有否供應素食；知道有朋友容易焦慮，便避免傳一些易引起不安的災難事故影片給對方，這些貼心的顧念與舉動，有助提升關係質素。

已完成·日期：

練習細心三步曲：

① **觀察** 觀察他人的狀態與行為。例：面色蒼白、雙手抱肩

② **思考** 思考對方當下的需要。例：他是否不舒服？覺得冷？

③ **判斷** 判斷自己可以做甚麼。例：問候對方？借出外套？

DAY 5 真心讚賞別人

讚美一個人不用花錢，卻能讓別人感覺被認可及產生正面情緒。讚美的秘訣是真誠，假如心裡明明覺得某人很小器，卻讚他大方，這只是虛偽或諷刺，無法觸動人心。平日多留意別人值得欣賞的地方，例如新髮型很好看、文章寫得很出色、想法具創意、努力克服難關等，並將這份欣賞說出口。

已完成·日期：

回想一次被讚賞的美好經驗

三位欣賞的對象	專屬讚賞說話
①	
②	
③	

DAY 6 **用心送上祝福**

認識的人生日、畢業或獲得任何成就，現代人習慣在聊天軟件或社交平台送上祝福。普遍人會留下一句「生日快樂」或「恭喜」，主動祝福固然是好事，假如能夠送上度身訂造，即切合對方個性、喜好、興趣與夢想的祝賀（例如搜尋貓主題生日圖片給喜歡貓的朋友），會令對方感覺到更加溫暖和被重視。

ACTION　■ 已完成·日期：

為一位即將生日的身邊人設計專屬祝福（有機會便送給他吧）

 DAY 7 **虛心向別人學習**

每個人都有各自的想法、智慧和經驗，別人對事情的獨特見解和解決之道、處世立身態度、實現目標時展現的創意和毅力等，都值得反思與學習。我們可在肯定個人優點的同時，承認自己仍有進步與成長空間，虛心向不同對象學習，成為更豐滿完善的自我。

ACTION　■ 已完成·日期：

	學習對象	我希望向他學習的地方
1		
2		
3		

30 一周感恩練習

常存感恩之心，除了促進快樂和幸福的感受，也能減少痛苦與抱怨，有助改善人際關係。生活中很難事事順利，懂得感恩代表你能發現生命中美好的面向，並意識到外界對自己的支持和重要性。若我們向感恩的對象表達感激之情，就像在關係裡播下善意的種子，加深彼此的正面互動。

感恩的心態可以培養與成長，今個星期請花點時間，一步步回想人生旅途上值得感謝的好人好事，並真誠地表達謝意及作出回饋。

DAY I 撰寫感恩日記

今天請為自己設定一段「感恩時間」，自由書寫三件令你覺得感恩的事。無論多微小的事也可以，像感恩我仍能自如地呼吸、吃了美味有靈魂的餐點、看了一段可愛小貓影片令心情變好、朋友耐心聽我訴苦⋯⋯習慣將生命裡的好人好事記錄下來，能增強正面情緒與幸福感，對人對事也會變得更寬容。

 ■ 已完成 · 日期：

讓我覺得感恩的三件事

I'm grateful for

DAY 2 **感謝親人或伴侶**

對許多人來說，家人與伴侶在人生旅途上給予自己很多愛與支持。但人們常期望親人本該善待自己，很容易將對方的好意視作應分，而忘了表達謝意。不用等待特別時機如婚禮、頒獎禮才感謝重視的人，今天就找機會謝謝他們吧！

ACTION ■ 已完成·日期：

在這空間記下你對親人的感謝，如果你想讓他們知道，

可拍下此頁傳給對方，或以你感覺自在的形式親自表達謝意。

 DAY 3 **感謝一位師長或前輩**

人生旅途上，某位師長或前輩可能曾陪伴、指導或幫助你，讓你一步步成長。請記著這份感動，他日若有機會，你也可扶持自己的後輩，將愛傳承下去。

ACTION ■ 已完成·日期：

我感謝的一位師長 / 前輩：

原因：

我期望這樣回報對方：

DAY 4 **感謝三位好朋友的陪伴與支持**

我們和朋友的相識基於緣分，彼此雖沒血緣關係，但卻因為共同興趣與經歷而變得親密。有沒有朋友曾與你共渡患難，在你難過時借出耳朵、在你成功時為你開心？請在下方寫下你對他們的感謝，記錄彼此的珍貴友情。

ACTION ■ 已完成·日期：

我想感謝的朋友是：

我想對他們說的話：

 DAY 5 **感謝一位陌生人**

陌生人在下雨天為沒帶傘的你遮風擋雨、在你哭泣時遞上紙巾、在你迷路時指點一二……你試過因為陌生人的幫助而感動嗎？彼此萍水相逢，你可能沒機會親口向他們表達謝意，可在下方寫下簡短的感謝信，保存這份感動。

ACTION ■ 已完成·日期：

陌生人：

你好！我不認識你，卻想對你說聲謝謝，因為……

DAY 6 ## 感謝自己

說到感恩，我們常想到感謝別人，卻甚少覺得要感謝自己。也許你曾經無助想放棄，但你堅持至今；也許心裡覺得自己該表現得更好，但你至少努力過……別忙著自我批評，試試坦然面對自己的好，真誠地跟自己說聲謝謝。

ACTION ▨ 已完成・日期：

我最欣賞自己的地方：

我想好好感謝自己，因為……

 DAY 7 ## 感謝自己所擁有的一切

來到最後一個感恩練習，請寫出你目前擁有的10個元素，並表達感謝，可以是個人特質、身體、才能、擁有的物質、身邊人或外在環境……若你願意，不妨將內容上載到社交平台，用這份感恩的力量感染他人。

ACTION ▨ 已完成・日期：

我感謝自己擁有的一切：

31 促進交流的提問

家人和伴侶之間的日常對答很多時是：你在哪裡？今天吃甚麼？何時回來？測驗多少分？花了多少錢？等簡短而實務性的話題。明明是最親近的人，卻缺乏足以讓靈魂碰撞的深度對談，有時直至無法再相見，才發現自己根本沒深入理解過對方的生命故事。

適當的提問能促進人際交流，本星期請效法人物專訪記者，詢問身邊人一些簡單問題，藉此發掘對方新的一面，並創造優質溝通的機會。你們可能因為不習慣深入對話而有點尷尬，若然對方敷衍與拒絕回答亦難免氣餒。別操之過急，不妨花心思挑選合適的訪問對象與時機，又或者將問題寫在卡片上，邀請對方有空時再回答，給予彼此空間建立更親密的連結吧！

DAY 1 你最喜歡甚麼？

在學生時代，畢業時很多人都會請同學在紀念冊上填寫個人資料，像是自己最喜歡的顏色、食物和興趣等。這是一個很好的切入點，去了解身邊人的喜好。今天試邀請一位家人、朋友、同學或同事分享個人喜好吧！請他們說出答案的同時，可進一步問及背後原因，藉此了解他們更多。

ACTION

■ 已完成・日期：

問題：你有甚麼喜好？		答題者：
顏色：	食物：	科目：
歌曲：	電影：	藝人：
運動：	興趣：	格言：

DAY 2 **小時候最難忘的經歷是甚麼？**

儘管我們的童年回憶隨時間逐漸模糊，總會對個別事件留下深刻印象。這問題適合向父母、長輩或另一半提問，透過分享幼時生活經歷與心路歷程，或可加深了解他們一些想法、習慣與價值觀的形成，成為諒解彼此差異的轉捩點。

ACTION ■ **已完成·日期：**

問題：你小時候最深刻的經歷是甚麼？　　答題者：

對方分享：

我的想法：

 DAY 3 **你難過時希望怎麼過？**

當別人經歷情緒低潮，我們也許想說或做些甚麼為對方打打氣。有人心情不好時想安靜獨處，有人則希望與人交談，與其從自己的角度去猜度對方的需要，不如了解一下對方難過時刻的解憂方法，以及希望獲得怎樣的陪伴與安慰！

ACTION ■ **已完成·日期：**

問題：你難過時怎樣解憂？想獨處或被陪伴？　答題者：

對方分享：

我的想法：

DAY 4 **你最想到甚麼地方旅遊？**

你知道身邊人最想到哪裡旅行嗎？此地有甚麼吸引之處？若然你們喜好相近，日後可一起暢遊這地方。假如受訪對象表示對旅行毫無興趣，也可問問背後原因，是覺得自己住的地方最好？抑或討厭舟車勞頓？藉此了解他的看法。

ACTION ■ 已完成‧日期：

問題：你最想到甚麼地方旅遊？為甚麼？　　答題者：

對方分享：

我的想法：

 DAY 5 **你會用甚麼動物來形容自己？**

今天試請身邊人以一種動物來形容自己的個性！重點不在動物種類，而是答題者如何描述自己。例如有人説自己像獅子，表面兇猛，其實十分重視家庭，想保護家人，透過對方的解説就能加深了解其自我觀感與心聲。

ACTION ■ 已完成‧日期：

問題：用一種動物形容你的個性，並説明原因　　答題者：

對方分享：

我的想法：

你渴望擁有甚麼超能力？

今天的問題能激發答題者的想象力——假如你能擁有一種超能力，你希望是甚麼？隱身、飛天遁地、力大無窮、回到過去、預知未來或不想有超能力……無論答案是甚麼，你都能從中了解他們心底裡的盼望。

■ 已完成·日期：

問題：你渴望擁有哪種超能力？為甚麼？　　答題者：

對方分享：

我的想法：

 你的夢想清單是甚麼？

我們日常花很多時間談論生活瑣事，卻甚少談及夢想。夢想予人希望與前進動力，只是有時因太忙碌疲累而將盼望與熱情埋藏心底。今天就來問問身邊人的夢想清單，有機會的話，你甚至可成為幫助對方圓夢的推手呢！

■ 已完成·日期：

問題：你的夢想清單是甚麼？　　答題者：

對方分享：

我的想法：

32 好好學習愛

從進化心理學角度來看,愛情可說是一種本能,驅使人與人之間建立互相照顧的穩定關係,以提高生存能力。戀愛的另一層重要意義是促進成長,進入戀愛關係代表要和成長背景截然不同的人親密共處、互相適應,大大考驗了深層的社交溝通與磨合協商的能力。

愛情是值得終身學習的課題,透過與另一半相處中體會到愛與被愛,有助真切地認識自己與他人。戀愛關係難免存在高低起伏,無論順逆皆可促進反思與成長。本星期一同來研習愛情這重要一課,嘗試在親密相處中平衡感性與理性,思考與實踐愛的意義。

DAY 1 探索你心目中的愛情

無論你有否試過談戀愛,或許都曾想像過愛情是甚麼模樣。有人覺得愛情如空氣般虛無飄渺,卻是生命必需品;有人以櫻花比喻愛情,兩者皆美麗而短暫;有人認為愛情像彈結他,不練習就會生疏。這些比喻形象化地呈現每個人對愛情的不同想像,並無標準答案。你又會以甚麼事物來形容心目中的愛情?

ACTION ▊ **已完成·日期:**

love is

自由填寫3個關於愛情的形容詞

 _____   _____   _____

以一種物品形容你心中的愛情(請説明原因)

DAY 2 理想伴侶清單

你有想過自己的理想對象需要甚麼條件嗎？嘗試具體地形容對方的內外條件、性格、價值觀、互動相處模式等，例如「要有幽默感和情緒穩定，與他相處會自在愉快」。當你愈了解自己的個性和需求，便愈容易描述理想對象的輪廓。

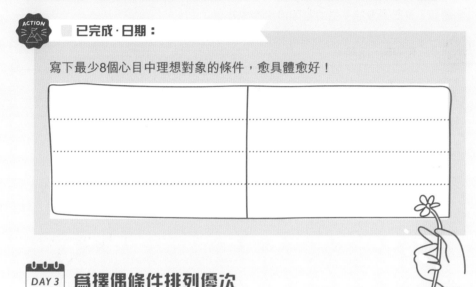

ACTION ■ 已完成·日期：

> 寫下最少8個心目中理想對象的條件，愈具體愈好！

DAY 3 為擇偶條件排列優次

我們在愛情當中該著眼於最核心的特質，釐清自己最重視及無法接受的元素，例如有人重視專一和情緒穩定，覺得浪漫貼心不太重要；有人則覺得價值觀相近是必備條件，無法溝通屬關係死穴。接受現實中很難有完美對象，只要對方擁有自己重視的特質，而缺點並無觸碰到個人底線，不妨學習妥協和包容。

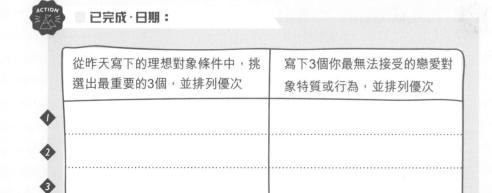

ACTION ■ 已完成·日期：

從昨天寫下的理想對象條件中，挑選出最重要的3個，並排列優次	寫下3個你最無法接受的戀愛對象特質或行為，並排列優次
1	
2	
3	

DAY 4　思考成長經歷對關係的影響

成長經歷除了塑造每個人的個性，也會影響我們對親密關係的態度。例如有人童年時期常被忽略，在關係裡或許不易建立信任。探索自己的過去，理解成長經歷對愛情觀的影響，建立關係後和伴侶分享各自的成長故事，有助接納彼此的差異，會更願意給予對方空間療癒與成長。

 ■ 已完成．日期：

父母教養態度與相處模式如何影響你 / 另一半對關係的看法？

有沒有其他人生經歷影響你 / 另一半對關係的看法？

DAY 5　用心對待另一半

兩個人由陌生到相戀是無比心動的過程，但情緣開展後，如何用心維繫是更深奧的學問。愛是相互付出而非單方面索取，大家可思考自己在關係當中願意為對方付出甚麼，亦要留意你願付出的是否對方需要的，避免太過一廂情願。

■ 已完成．日期：

你願意在關係裡付出甚麼去維持彼此關係？

- 用心了解對方的喜好
- 花時間專注地陪伴對方
- 送上合適的禮物或驚喜
- 在對方需要時提供幫助
- 接納對方的優缺點
- 給予對方需要的空間
- 言語上肯定及感謝對方
- 其他：＿＿＿＿＿＿＿＿＿

DAY 6 滋養愛情重要元素

著名精神心理學家佛洛姆在《愛的藝術》中提及過,要發展愛的能力,必須學習愛的藝術,其中最基本的元素包括了解、尊重、關心和責任。願大家在關係中不忘滋養這些重要元素,讓愛與被愛的能力持續成長。

 ■ 已完成 · 日期:

我目前最希望滋養的愛情元素是:

- **了解** 積極了解對方,包括個性、價值觀、喜好和需要等
- **尊重** 尊重伴侶的想法和獨特性,不會強迫對方改變
- **關心** 主動關心另一半,並留意對方需要哪種形式的關心
- **責任** 重視與對方的承諾,裝備自己成為能為彼此負責的人

 DAY 7 製作愛情願景板

你對愛情有何反思或盼望?請在下方空間或另行用卡板製作愛情願景板,以文字、繪圖或拼貼方式具體地呈現個人對理想關係的概念和實踐方法。

ACTION ■ 已完成 · 日期:

理想中與伴侶的相處片段:	愛情路上的自我提醒:
我希望與伴侶一起完成的目標:	平衡自己與對方需要之道:

33 建立安全界線

有時候明明不願做某件事、不想妥協退讓，卻因為想為他人付出或維護彼此關係而漠視自己的需要。你或許認為那是富有同理心、責任感或愛的表現，可是當個人意願和情感不斷被剝削，會落得身心俱疲，內心充滿埋怨卻説不出口，反而難與他人建立健康長久的關係。

關係讓人們連結在一起，但每個人都是獨立個體，任何關係都需要安全界線。安全界線不代表劃清界線，而是人際間存在健康和富彈性的界限，以尊重雙方的空間與自由為前提去相處。在關心他人的同時，也了解個人狀態與需求，先照顧好自己，內在資源足夠時再去照顧別人，能讓大家同行更遠的路。

DAY 1　清楚你的界線

當我們提及建立界線時，首先要釐清自己的界線是甚麼。你會否願意在有餘力的情況下幫助別人，而不希望無止境地為別人付出？你會否願意聆聽朋友説心事，但晚上臨睡前不想受到任何打擾？利用下表真誠地説出在關係中想要和不想要甚麼，讓個人界線變得更清晰，待你準備好的時候再對別人説明。

ACTION　■ 已完成·日期：

我想	我不想

DAY 2 記錄缺乏界線的經歷

不清晰的人際界線有時會令我們難受，例如下了班想放鬆一下，卻收到老闆電話追問公事，好心情一掃而空；家人或朋友過分依賴你，明明自己有能力做到的事卻常找你幫忙，讓你感到困擾。今天試回想因缺乏界線而難受的經歷，從中可釐清你的人際關係底線及對健康關係的期望。

ACTION █ 已完成·日期：

因缺乏界線而難受的經歷：

假如可從來一次，你希望怎樣應對？

DAY 3 檢視缺乏界線的原因

如果覺得拒絕別人或保持安全界線很艱難，請思考自己無法設定界限的原因。是不忍看見他人受苦？自信心不夠？抑或從小受權威式教育不習慣表達意見？拒絕別人或會帶來不適感，嘗試接納這份感覺，容許自己多加練習與成長。

ACTION █ 已完成·日期：

① 你覺得自己比較不懂得拒絕哪類對象？

◯ 家人　　◯ 朋友　　◯ 同學　　◯ 同事　　◯ 長輩　　◯ 伴侶
◯ 老師　　◯ 上司　　◯ 陌生人　◯ 任何人　◯ 其他_____

② 你覺得拒絕別人會有甚麼不好的影響？　拒絕別人的不適程度：　　　％

　　　　　　　　　　　　　　　　　　　　勉強答應的不適程度：　　　％

DAY 4 　學習尊重別人的界線

當你要求別人幫忙時，能否接受對方有拒絕你的權利？別人不想透露的私人消息，你會否忍得住好奇心不去追問？所謂己所不欲，勿施於人，在我們保護個人安全界線時，有需要學習尊重他人的界線，避免出現雙重標準。

已完成·日期：

respect others boundaries

你能尊重別人的界線嗎？

- 尊重他人的私隱與空間
- 不追問別人不想說的話
- 不要求他人為你的情緒負責
- 請求幫忙時會考慮對方意願
- 不強迫別人做不想做的事
- 不利用關係威脅別人就範
- 接受別人有拒絕你的權利
- 接受他人意見跟你不一樣

DAY 5 　分清自己與他人的責任

人際界線其中一個重要課題是，分清自己與他人的責任。即使信奉能力愈大、責任愈大，也不代表要無止境地承擔別人該負的責任。例如父母有責任餵養沒自理能力的幼兒，待子女成長後仍事事代勞則屬過度保護。學生做好功課是責任，借功課予同學抄卻非本分。今天試試釐清每人在不同位置上的責任吧！

已完成·日期：

範圍	我的責任	他人的責任
❶ 家人伴侶		
❷ 同學/同事		
❸ 朋友		

DAY 6 **學習無愧地說不**

假如有人提出一些讓你不舒服或有心理負擔的要求，記著你有權利說不，拒絕他人亦不代表你冷酷無情或不負責任。學會聆聽內心需要，有需要時禮貌而堅定地說不。拒絕別人後，也肯定自己的需求和選擇，好好調適內疚與不安感。

ACTION ▨ **已完成·日期：**

說不的例子：

> **不用了，謝謝你！**
> **不好意思，我那天沒空**
> **這件事我幫不上忙**
> **我需要考慮一下，不能馬上答覆**

創作個人化的拒絕句式，並多加練習

 DAY 7 **學習說「我可以」**

如果直接說不對你而言很艱難，今天來學習另一種技能，就是說「我可以」，提出你能做到和真心願意幫忙的事。例如朋友在你忙於工作時想與你談心，可說「現在我比較忙，難做到專心聆聽，我可以在下班後認真地與你詳談。」平衡彼此需要，在合適時機與狀態下回應別人需求，屬於真正負責任的態度。

ACTION ▨ **已完成·日期：**

假如別人的要求令你有點為難，而你希望提供一定程度的幫忙，試表明你真心願意和能夠協助的部分，例如：

> **我沒空間負責整個項目，但可以幫忙搜集相關資料。**

創作「我可以」句式，並多加練習

34 鞏固關係裡的安全感

安全感是建立健康人際關係的重要基礎，安全感充足的時候，我們願意信任身邊有人是真心相待及會在自己有需要時提供幫助，並坦然接受這份好意；我們同時信任自己，知道即使面對困難，自己也有能力跨過去。

每個人都可能在人際相處的歷程中受過不同程度的挫折，無法時時刻刻維持安全感。有人為怕身邊人離開，時常感到焦慮，於是緊緊抓著對方不放；也有人怕被遺下，選擇先行放手，對身邊人感覺麻木。這些無效的應對方式皆無助關係穩定發展，讓我們一同學習以更健康的方式，建立關係裡的安全感。

DAY 1 檢視你的依戀類型

心理學中的依戀理論根據人們幼時與照顧者的互動特質，大致可分為安全型、逃避型及焦慮型依戀。正面的成長經驗讓人發展出安全依戀傾向，在關係裡感覺安全自在；負面人際經驗則導致焦慮或逃避的依戀傾向，建立關係時顯得過分依賴或抗拒身邊人，影響關係品質。你了解自己的依戀類型嗎？

ACTION ■ 已完成·日期：

你覺得自己較貼近以下哪一種依戀型態的描述？

逃避型依戀	焦慮型依戀	安全型依戀
• 不容易信賴別人	• 對關係缺乏安全感	• 對關係看法較正面
• 情緒較為抽離淡漠	• 自信和價值感較低	• 情緒表現較穩定
• 傾向與人保持距離	• 十分害怕被拋棄	• 會信任自己和他人
• 害怕別人離開，寧願自己先行逃離	• 極度渴望身邊人的關注、陪伴與肯定	• 既願認真投入關係，也能獨立自處

DAY 2 尋找不安的源頭

很多因素都會影響內在安全感，例如幼時對安全感的渴求未被照顧者滿足、本身自信心不足、成長後不愉快的人際相處經歷等。請花點時間探索個人不安感的源頭，即使未能馬上解決舊有陰影，坦誠面對過去仍是療癒的重要一步。

ACTION ■ **已完成·日期：**

自由書寫任何可能令你對關係不安的因素：

你希望自己在關係裡出現的正面改變：

 DAY 3 家庭帶來的禮物與包袱

家庭是大部分人建立關係與安全感的重要基地。每個家庭的故事都不一樣，家人也許贈予你重要的人生禮物（例如關愛、肯定、羈絆、磨練、自由），又或者帶來了一些包袱（例如否定、漠視、過度期望、情緒壓力）。你可以選擇與這些禮物與包袱同行，亦可在準備好的時候放下，走自己往後想走的路。

ACTION ■ **已完成·日期：**

如實地寫下家庭給你的禮物與包袱，以及它們帶給你的感覺。

家庭帶來的人生禮物

這些禮物令你感到：

家庭帶來的一些包袱

這些包袱令你感到：

DAY 4　檢視回應不安的無效方式

在關係裡感覺不安的時候，有人為怕被遺棄，時常討好、忍讓或以過激反應吸引注意力；有人覺得關係不可靠，選擇逃避、放棄或多番試探，這些做法或會破壞人際連結，請檢視自己有否出現無助於建立健康關係的應對方式。

ACTION　■ 已完成 · 日期：

你在關係裡會出現無效的溝通與應對方式嗎？（可多選）

- 不敢拒絕別人
- 無意識地認同或討好別人
- 不敢表達真正想法
- 遇到難題時逃避溝通
- 哭鬧激動要求別人妥協
- 反覆要求別人肯定與承諾
- 常試探別人的真正想法
- 對人不抱任何期望與信任

DAY 5　平衡不安的信念

成長經歷和環境因素固然會影響我們的安全感，但想法和信念也是決定安全感高低的重要因素。例如當你覺得伴侶無法滿足自己所有要求等如不愛你，很容易在他不符合你期望時感到不安。不必強迫自己時刻保持正面，但可找出令自己在關係裡不安的慣性信念，稍作改寫，慢慢建立更平衡的新信念。

ACTION　■ 已完成 · 日期：

找出關係裡的不安信念	嘗試改寫為更平衡的句子
例：所有人都不可靠，我不會相信別人，只能靠自己	例：我能照顧自己值得欣賞，不過偶而也可學習信靠別人

DAY 6　培養安全型依戀特質

檢視過自己在關係裡的依戀傾向、源頭與反應後，即使目前你對人際相處較為焦慮或逃避，不代表你永遠會處於這種狀態。透過覺察自己的關係特質，可按個人步伐成長、療癒與改變，培養對關係有利的「安全型依戀」特質。

ACTION　■ 已完成 · 日期：

你需要或願意加強哪種安全型依戀特質？（可多選）

- 情緒通常較平和穩定
- 自信及自我形象正面
- 敢於表達個人真實需求
- 出現分歧時願意積極溝通
- 平衡自己與他人的需要
- 不過於抗拒或渴求與人親近
- 能發自內心地信任別人
- 不會意圖控制或改變他人

DAY 7　與不安感共處

人們在關係裡感覺不安時，即時反應也許是用力向外求或逃離不安源頭。在作出慣常反應前，請靜下心來感受自己的不安，再決定當下該以何種方式應對。例如當你非常掛念忙碌的另一半，不一定要瘋狂傳訊息要求對方立刻陪伴，可承認自己的不安，用心體會思念的苦與樂，再等適當時機表達對對方的重視。

ACTION　■ 已完成 · 日期：

描述關係裡令你有點不安的情境	與這份不安共處的方法
例：男友因工作忙碌，這幾天不能約會，我非常想念他	例：將對他的想念寫下來，同時為自己安排其他活動

35 和自己好好相處

很多人害怕獨處，除了因為人天生有群居需要，渴望透過與人聯繫增加安全感，還因為每次靜下來面對自己，內心埋藏的昔日創傷、自我質疑的聲音紛紛浮現，令人難以招架，想透過忙碌生活或與人作伴來消除這些不愉快的感覺。

我們從小被教育融入群體，甚少有機會學習與自己好好相處。本章多個練習已談及與他人連結的重要性，這星期讓我們聚焦獨處的學問。即使你多忙碌、多不習慣獨處，也請定期預留空間，全心全意地面對和照顧自己。畢竟最健康的社交狀態並非全天候與他人綑綁在一起，而是在獨立與親密間取得平衡，無論獨處或與他人相處都能感覺自在。

DAY 1 探索獨處時的感受

每個人對獨處的感受都不一樣，有人覺得獨處代表寂寞、空虛、無聊或沒人喜歡自己；亦有人覺得獨處代表平靜、自在、放鬆、可以做自己。不必為獨處時出現的喜悅、不安或寂寞感到難為情，誠實面對自己的感受和需要便足夠了。

ACTION ▌**已完成 · 日期：**

❶ 回想最近幾次獨處的經歷，寫下當時的感受：

❷ 你覺得自己為何會有這樣的感受？

DAY 2 ## 發掘獨處的好處

心態是決定你能否享受獨處的關鍵，假如覺得獨處等同被遺棄與不受歡迎，嘗試放下偏見，發掘獨處的好處。例如一個人的時候不受管束、自由自在；獨自吃飯與逛街更能隨心所欲地享受當下。今天就來回想獨處的美好經歷，當你轉換心態，接受獨處美好的一面，自然更懂得享受一個人的時光。

ACTION ☐ **已完成・日期：**

① 以下是獨處的部分好處，你認同嗎？

　　◯ 有安靜和自我反思的空間　　　　◯ 可自由做自己喜歡的事情

　　◯ 不必偽裝與迎合他人　　　　　　◯ 鍛鍊獨立與解難能力

② 回想一次獨處的美好經歷：

 DAY 3 ## 全然的自我接納

當你靜下來面對自己，回想過去或最近的經歷，會否忍不住批評自己不夠好的地方？過度嚴苛的自我要求會消磨意志和精力，別因為一些瑕疵而全盤否定自我，接受這個「我」儘管有不足，仍是一個完整、有價值和值得被愛的人。

ACTION ☐ **已完成・日期：**

① 將你自覺不夠好的地方寫下來：

② 將自己當成最好的朋友，以善意和理解的態度回應自己

DAY 4 **與自己的內心對話**

獨處時心聲會特別清晰：我現在感覺怎樣？最近有值得開心或難過的事嗎？甚麼事情困擾著我？下一步我想怎麼做？沒有外界的干擾下，我們可放下偽裝，誠實面對與探索內心感受。若發現很多內心對話都是負面聲音，令心情更差，請嘗試用較溫和和友善的態度對待自己。

ACTION ☐ **已完成·日期：**

嘗試靜下來和自己內在對話三分鐘，將捕捉到的內容寫下來
（可自問「我感覺如何」或「你感覺如何」開啟內心對話）

 DAY 5 **對自己保持了解和好奇**

普遍人都渴望被明白，那麼你對自己的一切又有足夠了解嗎？讓我們對個人內外都保持好奇心，留意身心變化與好惡，成為最熟悉自己的好朋友，有助消除孤單感與增加內在資源。今天請回答以下問題，助你更了解自己！

ACTION ☐ **已完成·日期：**

1	我最近有哪些生理上的變化？	
2	我每天使用手機多長時間？	
3	我最喜歡的一本書 / 一部電影是？	
4	給我力量的信念 / 座右銘是甚麼？	
5	近期最令我煩惱的事是甚麼？	
6	我最喜歡 / 不喜歡與哪類人交流？	

DAY 6 與身心和平共處

一個人靜處的時候，可能有點不知所措，不知道此時此刻該做甚麼，於是忍不住看手機、開電視、打電話，意圖驅走無聊。如果你有這樣的感覺，不妨抽一點獨處時間感受自己的呼吸和身心狀態，與身體及心靈和平共處。

ACTION ■ 已完成．日期：

獨處的時候，可進行以下練習：

1 閉上眼睛，將注意力放在呼吸上

2 感受身體各處有沒有不適感，有的話，用手輕輕按摩該部位

3 探索內心有沒有不舒服的感覺，有的話便抱抱自己，説一聲「我知道了！」接納這種感受的出現

4 對自己的身心表達謝意，感謝它們一直陪伴你走過高低起跌

 DAY 7 享受優質的獨處時光

我們不用分分秒秒圍著別人轉，無論多忙碌，別忘了留一點時間給自己，好好享受私人時光。容許自己間中切換至「勿擾模式」，不看手機、不與人約會，在全然屬於自己的時段內，盡情休息放鬆或做些喜歡的活動，為身心充電。

ACTION ■ 已完成．日期：

1 安排一段獨處時光，並寫下你的計劃：

2 完成後來談談感受吧！

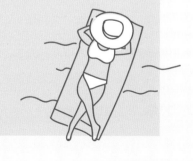

36 將愛推己及人

佛洛姆在經典著作《愛的藝術》中提及過，愛的首要意義是給予，而非接受。在給予的過程中，人能體驗到自身的力量、豐饒與能力，這種充盈的生命力使人感到喜悅，比單方面接受更加愉快，這就是我們常聽到的「施比受更有福」。

本書多個篇章提醒你透過自我照顧提升健康和幸福感。在善待自己以外，將愛推己及人也是一門重要學問。我們身處互相依存的世界，若只有自己活得好，而萬物或身邊所有人都陷於痛苦中，我們終究難獨善其身。正如佛洛姆所言，付出愛並非一種犧牲，反能讓你在給予的過程中感受到真正的滿足和快樂，甚至能感染他人，喚起他人愛的能力，讓大家身處的環境變得更美好。

DAY 1 運用同理心理解他人

同理心指代入他人角度去了解對方的感受和背後原因。當你用餐時，侍應心不在焉屢屢出錯，你可能感覺不滿。但若你知道她的兒子最近患病入院，令她身心俱疲、極度擔憂，卻因經濟壓力不敢請假，也許你會對其狀態多一分理解。同理心能促進人際間的情感連結，嘗試易地而處，了解別人的經歷與難處吧！

ACTION ▇ 已完成·日期：

同理心核心精神：

1 接納對方當下的狀態

2 詢問對方的經歷和感受

3 理解對方的感受和原因

4 放下對對方的批判

嘗試觀察或聆聽他人後，代入其角度，你體會到他有甚麼感受？

學習安慰別人

人們有時會為了讓情緒低落的身邊人盡快振作，而急於勸說「別難過」、「看開點就沒事了」。儘管出於善意，這些否定對方感受的安慰說話卻可能傷得對方更深。讓我們學習安慰的藝術，尊重對方當下的感受，帶來真正的療癒感。

ACTION ☐ 已完成・日期：

安慰注意事項	
肯定對方感受	✔ 遇到這樣的事，難過也是人之常情。 ✘ 挫折會令你更強大，應該開心才對！
不隨意作比較	✔ 你要承受這些事，辛苦你了！ ✘ 世上很多人比你可憐，你已很幸福！
別急著給建議	✔ 你現在感覺如何？想說說嗎？ ✘ 我覺得你應該努力跑步轉換心情！

 為他人送上祝福

祝福是充滿善意的禮物。有時我們得知某人不幸受傷，無論認識與否，可能自然地在心中祝福對方早日康復。當你真誠地送上祝福時，整個人都沐浴在愛與慈悲之中，在這瞬間放下自憐與埋怨，全心全意地希望他人過得更好。

ACTION ☐ 已完成・日期：

今天請為你認識或不認識的人送上祝福吧！

為一位認識的對象送上祝福　　　　　　　　為一位陌生對象送上祝福

DAY 4　給別人一點鼓勵

很多人擅長發現別人的不足之處，忙著批評與投訴，卻忘了鼓勵與欣賞別人做得好的地方。今天邀請大家以最寬容的心，給予他人一點鼓勵和讚賞，例如在出色的網上貼文下留言表達感想、讚美家人煮的菜很美味、外出用餐時表揚服務殷勤的員工，一個簡單的舉動已能讓別人感到溫暖與愉悦。

ACTION　■ 已完成・日期：

你今天為別人送上了甚麼鼓勵或讚賞？

well done

 DAY 5　主動關心很久沒聯繫的朋友

你有沒有一些親友與朋友是關係不錯，但因為各種原因而許久沒聯繫？你或許在社交平台大約知道他的近況，卻沒機會好好聊天或留言給對方。關係是需要維繫的，今天試用你覺得舒服的方式，主動關心一段時間沒聯繫的朋友，讓對方知道自己被記掛著吧！

ACTION　■ 已完成・日期：

主動關心一位一年以上沒聯繫的朋友，無論是約出來見面、傳短訊、寫信或留言，形式沒關係，最重要是讓對方知道，你仍將他們放在心上！

我今天重新聯繫的朋友：

DAY 6 幫助一位陌生人

有人或許覺得幫助非親非故的陌生人毫無益處，倒不如將精神和善意全放在熟悉的人身上。正是因為幫助陌生人不會為我們帶來實際利益，更能體現出單純的善意和大愛。今天請把愛傳出去，嘗試發自內心地幫助一位陌生人吧！

ACTION ■ 已完成．日期：

寫下曾被陌生人幫助的經歷：

嘗試幫助一位陌生人：

 DAY 7 為團體或社區出一分力

我們與身處的團體和社區脈搏相連，當你主動為所屬的團體或社區出一分力，例如在公司發起健康飲食活動、於暴風雨後協助清理區內垃圾、免費贈送食物與用品予有需要的鄰舍，除了為其他人及環境帶來正面改變，自己也能從過程中獲得力量與意義感。

ACTION ■ 已完成．日期：

不論付出的力量大小，試寫下你能為團體 / 社區付出甚麼？

整理空間

健康習慣養成之路……

覺察 → 動機 → 行動 → 維持

邀請你在這空間整理思緒，儲備動力將最近嘗試的健康行動轉化成持久習慣！

本章介紹了一系列正面關係的練習，請記錄你嘗試過的行動。

列出本章中你最喜歡的三個練習，請說明進行練習後的感覺。

哪些行動是你有興趣但未嘗試的？你打算何時行動？

哪些行動是你目前沒有興趣嘗試的？為甚麼？

你覺得建立良好關係的最大障礙
是甚麼？

你會嘗試將本章節哪些行動融入
日常生活中？

你會用哪些方法幫助自己持之以恆地
實踐這些良好習慣？

給自己的 **提醒**

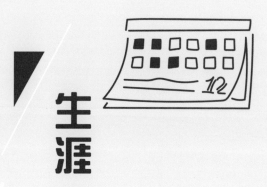

生涯

Life

Planning

規劃

Chapter

05

踏上無限可能

的人生旅途

追尋方向

創造未來

WEEK

37 訂立目標

焦慮感常源於人無法充分掌握當下或是未來，被淹沒在未知的不安和恐懼中。當人欠缺「目標感」，猶如失去掌舵的船，被困茫茫大海中無法前進。擁有明確目標和方向感能增強心理韌性，在面對重大事件和轉折時分外重要。

若不希望迷失於空洞無意義的生活中，便需要妥善規劃個人生涯目標。本周請花點時間為你的日常工作、學習或理想生活建立既可行又有意義的目標，重整生活方向。

DAY 1 繪畫你的人生 mindmap

製作心智圖（mindmap）可激發對未來的想像力和接納眾多可能性，有助發掘你意想不到又感興趣的工作及生活形態。過程中請將浮現的所有想法立即寫下，愈快愈好，別加以批判。如本頁位置不足，可在白紙或筆記本上進行。

 ACTION ■ 已完成·日期：

❶ 先用5分鐘列出你能聯想到與主題相關的所有詞彙

❷ 細閱全圖後再圈出最令你感到興趣或心動的字詞

我最感興趣的
活動、工作及
生活形態

DAY 2 **寫下「平凡而完美的一天」**

我們不用天天旅行冒險、中獎或贏得比賽才快樂，平常的生活中仍然有不少值得期待與享受的點滴。透過思考日常中「完美一天」的定義，有助了解你嚮往的生活模式，並發現哪些容易實踐的行程和習慣會使你富有動力。

🏔 **已完成·日期：**

參考以下問題建立詳細清單，列出你理想中平凡而完美的一天包括哪些元素：

💡 **小提醒：** 別加入平日很少遇到的額外驚喜情節，譬如中六合彩頭獎。

1 何時是完美的起床時間？起床後做些甚麼會元氣滿滿？

2 哪些日常活動令你最期待、滿足和有動力？例如專注有效率地完成工作？上某些特定的課堂？到甚麼地方享用餐點？與哪些對象見面？參與甚麼消閒活動？

3 結束一天的行程回家做些甚麼最自在？臨睡前如何享受休息時間？

DAY 3　構想「五年後的自己」

你有想過自己5年後在做甚麼嗎？當對未來的想像和可能性變得清晰具體，有助減退無法預計與控制未來的不安感。請具體地構想五年後自己在人生各個範疇的理想狀態是怎樣的，設想得愈具體愈好。不用只受今天的狀態限制，可考慮當前舒適圈以外的可能性，最重要是你希望自己日後成為怎樣的人。

ACTION　■ 已完成・日期：

試參考以下問題勾畫出你**理想中5年後**各方面的模樣：

1 **學業 / 工作**：你的學業或工作狀態怎樣？這是你喜歡的學習或工作生活嗎？

2 **居所**：你會居住在哪裡？你的居住環境如何？

3 **財務**：你的儲蓄有多少？你的收入和支出狀況如何？有甚麼理財計劃？

4 **關係**：你的感情狀態如何？你與家人和朋友的相處模式怎樣？

5 **個人**：你的身心健康狀態變得如何？你有哪些保持身心健康的良好習慣？

DAY 4 設定SMART目標

經過前數天的練習，大家應該對自己嚮住的生活和工作形態有更清晰的概念，為了不讓目標流於想像與空談，今天試參考SMART目標原則，訂立實際可行的目標，開始向理想進發。

ACTION

☐ 已完成‧日期：

參考SMART目標原則與例子，在空格內設定你短期內最希望達成的目標：

S *Specific* **具體的**
訂立一個具體明確並切合個人需要的目標
例：在一年內儲蓄3萬元作為旅遊基金

M *Measurable* **可測量**
將你的目標量化，方便評估進度
例：每月最少儲2,500元，月初自動轉帳至另一帳戶

A *Achievable* **可達成**
應乎合你的能力範圍和外在因素的限制
例：目前月薪22,000元，必要開支及家用為14,000元，個人消費娛樂約6,000多元，可減少非必要個人消費，以達成目標

R *Realistic* **實際的**
目標需要合理和切合實際需要
例：交保費的月份會增加必要開支，前後兩個月要減少外出吃飯和購物來增加儲蓄，以免影響儲蓄計劃

T *Time-based* **有時限**
為目標設下需要達成的時限
例：由今個月開始每月儲2,500元，為期12個月

DAY 5 測試你的目標

即使訂立了目標和計劃都可能會存在不確定與疑問，不知如何起步。請先釐清心中疑慮，再透過實際行動測試及反思計劃可行性，方便調整目標與方向。

ACTION ☐ **已完成·日期：**

寫下你對當前目標的疑問，再看看下列方法能否幫你找到答案：

我對現時目標和計劃的疑問：

① **生命訪談**：詢問身邊具相關經驗人士的心得及意見，或查看訪問報導

② **實驗行動**：由低成本小行動開始試驗；例子：「我想成為一個斜槓族（slasher多重職業身分）」，就先利用周末體驗少量兼職工作，了解個人喜好與市場需要

DAY 6 設置日常提示

清晰而奪目的視覺提醒，可預防你因日常排山倒海的事務，而忘記先前訂立的目標和理想。今天試在家居、工作或學習環境，甚至是個人電子產品中，為你的目標設置奪目的視覺提醒。

ACTION ☐ **已完成·日期：**

○ 在你經常出沒的位置貼上個人目標的字句，例如在廁所鏡上以可擦拭粗筆寫下健康目標、在床頭貼上減壓步驟、在雪櫃門外寫下每日重要行動

○ 將手機或電腦桌面的背景換成寫有你目標的圖片

○ 為你設有時限的目標倒數，可以將倒數的日曆放在當眼處，或是設在手機桌面 / 提示系統

DAY 7 找出達成目標的障礙

無論你畫下了多麼清晰可行的理想藍圖，有時卻會因為一些自身與外在因素阻礙你實現目標。例如有人決心半年內透過調整飲食和增加運動減至理想體重，最後卻因為公司附近沒有提供健康低卡餐點、工作太忙沒時間和動力運動，半個月不到便宣告終止瘦身大計。

我們要預先找出有可能阻礙自己達成目標的障礙，提前思考解決或替代方案，才能化被動為主動，衝破難關朝目的地進發。

ACTION ☐ 已完成·日期：

寫下你當刻的目標：

根據你對自己的了解和經驗，請預計可能阻礙你達成這目標的三個因素：

障礙一：

障礙二：

障礙三：

現在，請思考有沒有其他方法可克服以上的障礙，以提高你達成目標的機會？

方法一：

方法二：

方法三：

WEEK 38 每天問自己一條問題

內心總是有股難以言喻的迷惘，使我們對將來、對人生感到不安。欲驅散迷霧，需要從自己身上尋找答案，因為未來的路必定由自己闖蕩。你有多久沒客觀地了解自己的能力和專長，以及探索自己嚮往怎樣的工作和生活？

本周嘗試每天問自己一條問題，審視你當下的狀態和信念，加強自我認識，並發掘個人工作觀及生活理念。希望這練習讓你擴大生活及未來的可能性，觸發你勇於探索與進行改變的新動力。

DAY 1 甚麼活動最使我全情投入？

心流是指當人全神貫注地投入於某項充滿創造力或樂趣的活動時，感到渾然忘我，甚至忘卻時間的內在體驗。反思自己在進行哪些活動時會達至心流狀態，可啟發你了解怎樣生活才感到充實、幸福及有意義。

 ACTION ■ 已完成·日期：

試分析兩項喜愛的活動能否讓你進入心流狀態：

❶ 活動一： _____ 進行過程中我感到

　○ 高度集中　　○ 忘卻時間　　○ 暫忘其他顧慮　　○ 有掌控感

具體感受：_____

❷ 活動二： _____ 進行過程中我感到

　○ 高度集中　　○ 忘卻時間　　○ 暫忘其他顧慮　　○ 有掌控感

具體感受：_____

DAY 2 **我的性格優勢是甚麼？**

你會否經常聚焦於自身的缺點弱項，而沒有肯定自己的長處？每一個人身上都有不同的性格強項，日常充分發揮可使我們突顯所長，變得與別不同。今天請檢視自己性格方面的優勢，並思考如何發揮吧！

ACTION ■ **已完成·日期：**

在以下每項性格特質中，為自己進行評分（1至5分）

勇敢	正直	堅毅	忠誠	公平	責任感
善良	友善	仁慈	謙遜	自律	審慎
樂觀	積極	幽默	創意	寬容	認真

我可以將性格上的優勢發揮在哪方面？

 DAY 3 **我最不擅長做甚麼？**

我們習慣躲避不擅長的事，若能正視，便有助了解自身的局限，繼而決定應當正面交鋒，挑戰自身不擅長的事，抑或是運用擅長的事及睿智去達成同等成效。這反思過程也可使人變得客觀謙遜，懂得真誠地接納自己。

ACTION ■ **已完成·日期：**

❶ 我不擅長 ：

❷ 做這些不擅長的事時我會表現得：

❸ 我會選擇： 完全逃避   正面交鋒   以其他方式化解

我計劃如何克服不擅長的事：

DAY 4 有甚麼事是我很想做但不敢做？

每人心中都有張願望清單，或許有些事你一直想試想做，卻因自我設限或諸多顧慮而被擱置，久而久之就將心願遺忘，午夜夢迴難免有點遺憾。今日嘗試挖出埋藏於心底的願望，並訂下計劃時間表，讓你邁向目標。

ACTION ■ 已完成·日期：

我想做但不敢做的事：

阻礙你嘗試的原因：	有沒有方法克服？	何時踏出第一步？

 DAY 5 支撐我走過人生順逆的信念是甚麼？

人生信念如同指南針，引導我們立身處世的方向。「堅持就會成功」、「人生苦短及時行樂」、「未雨綢繆居安思危」、「船到橋頭自然直」、「做人但求無愧於心」、「人不為己天誅地滅」……不同的信念會影響你的態度和行動，請檢視與重整個人信念，決定自己希望以何種方式過活。

ACTION ■ 已完成·日期：

或許你已聽過不少人生大道理，假如未能和你自身經驗產生有意義的連結，亦不過是空話而已，請找出真正讓你上心和重視的信念。

寫下對你重要的人生信念 / 座右銘和背後意義

DAY 6 # 我最喜歡的工作有哪些要素？

反思你日常生活與工作經驗，推敲出三項心目中理想工作的必備要素，並設想哪類工作可符合兩至三項要素、哪些會是你願意多發掘的工種或行業。

ACTION ☐ **已完成・日期：**

我理想中工作的三種要素：

較能符合以上元素的工作種類：

 _____ _____ _____

 DAY 7 # 目前我最希望改變的是甚麼？

對生活感到厭倦、一直停滯不前，渴望改變卻又裹足不前。作出改變需要勇氣和動機，我們可先尋找求變的缺口，再細心找方法改寫現況。從細微的改變出發，如建立新的有效習慣或戒掉某項生活陋習，已是改變的重要一步。

ACTION ☐ **已完成・日期：**

1 我目前最希望改變：

2 我想改變的原因：

3 我對改變的疑慮：

4 改變需要的行動：

5 我馬上可做的行動：

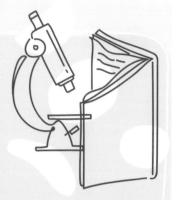

WEEK 39 自主學習新知識

求知是人類的天性。人為何會流淚？天空為甚麼是藍色的？古代人怎樣保存食物？人工智能如何影響未來？對知識的渴求驅動我們持續成長與改變世界。找到最感興趣的範疇，自發地學習，能擴闊思維眼界，亦幫助我們找到適合發揮的舞台。

學海無涯，任何人都無法掌握世上所有知識，仍可按照個人喜好和步伐持續探索，透過反思、整理與應用，將吸收的新資訊轉化為終身受用的知識。本星期邀請大家抱著輕鬆與開放的心情探索不同範疇的知識，完成後可評估自己最有動力學習哪類知識，再自訂更長遠的學習計劃。

DAY 1 你最感興趣的學習範疇

我們從小學習不同科目，你清楚自己最感興趣的範疇是甚麼嗎？哪些課題無需別人催促，你都樂於主動學習？哪些科目是你避之則吉，怎樣也消化不了的？利用下表為自己評評分吧！

 ▆ 已完成·日期：

學習範疇	學習興趣	學習範疇	學習興趣
語文		數學	
科學		天文	
歷史		地理	
社會		藝術	
體育		電腦	

學習外語詞彙

語言是學習各門學問的基礎，許多國家都有其獨特的語言系統，具有不同的文字表達形式和語法邏輯。掌握一門新語言需要花時間沉浸其中，我們可從簡單的生活詞語和會話開始，了解其發音及語法規律，若感興趣再深入學習。

ACTION ☐ 已完成·日期：

針對自己不熟悉或比較感興趣的外語，記下5個新詞彙
的寫法與字詞含義，嘗試聆聽其發音並跟著讀幾次：

 探索陌生國度

世上有超過200個國家，每個國家又有眾多城市，彼此文化、氣候、面積人口與發展水平都存在差異。你可能比較了解某些發達國家的資訊，試試打開世界地圖，針對幾個你不熟悉而有點好奇的國度
進行資料搜集與整理吧！

ACTION ☐ 已完成·日期：

國家名	首都	地理位置	面積/人口	特色

探索500年前的歷史

你覺得學習歷史沉悶無聊，對現代人而言毫無意義，抑或受到歷史啟發，有興趣探究古代生活與大事件？今天請花點時間探索500年前的歷史！

ACTION ▉ 已完成・日期：

搜尋關於500年前的歷史資料，看看當時世界發生過甚麼特別事情：

500年前世界發生過以下的特別事件：

對我的啟發：

 一步一步畫幅畫

很多人自覺沒繪畫天分，一輩子只能畫線條簡單的火柴人。假如你常質疑自己的畫功，今天請放下自我批判，跟隨以下簡單步驟，享受畫畫的過程。

ACTION ▉ 已完成・日期：

enjoy drawing

請自備鉛筆、擦膠和紙，跟隨以下步驟繪畫人像：

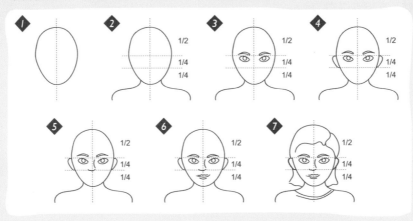

DAY 6 找出關於生活科學的答案

科學知識並非只藏在實驗室裡，生活中很多習以為常的現象都可從科學角度解釋，由此理解自然規律的奧秘，甚至研發出新的意念與產品來改變世界。以下問題無論你有沒有思考過，今天都可嘗試尋找答案與寫下你的想法。

ACTION ■ 已完成・日期：

1 DVD如何記錄聲音和影像？

2 輕薄的發熱內衣為何能夠保暖？

3 令海綿蛋糕質感鬆軟的原理是甚麼？

4 人類有辦法製造穿越過去未來的時光機嗎？

我的發現或想法：

DAY 7 自訂學習計劃

經過數天的練習，你可能對某些範疇特別感興趣，然而短短幾分鐘的探索也許轉瞬即忘，未能深化成對你產生長遠影響的知識和技能。今天請針對自己的學習興趣，自訂未來一個月的學習計劃，貼在當眼處作為提醒吧！

ACTION ■ 已完成・日期：

1 學習範疇與目標：

2 學習計劃（包括行動與時限）：

40 盡情發揮創意

無論從職場發展或人生規劃角度，創意都是不可或缺的才能。創意讓人以多元創新的角度看待和解決問題，提升應變與解難能力，同時使人更願意挑戰未知、想像未來，有動力創造獨特而美好的生活。

孩童總是充滿好奇心與想像力，但很多人長大後在制度框框限制下失去創意，變得墨守成規，漸漸成為「無聊的大人」。透過不同思想解放練習，創意可以再次被培養，再加上歲月累積的知識和經驗，更能讓創意化成現實。今個星期透過各種小練習，激發你的創意思維。

 ## DAY 1 以想像力續寫故事

創意寫作讓想像力自由飛翔，古今無數作家憑著一點靈感火花，在腦海中建造出一個個別開新面的虛構世界，讓讀者沉醉其中。你未必喜歡寫作，但不妨抱著輕鬆心情完成今天的創意續寫練習。

ACTION ■ 已完成・日期：

今天我照鏡的時候，竟發現鏡中人不是我……
（請發揮創意續寫這個故事，不限字數，也不計分數）

DAY 2 **構想物品的另類用途**

打破對物品的固有定義有望創造驚世新發明。美國學者山姆·赫斯特（Sam Hurst）扭轉了螢幕只是用來觀看的固有想法，才創造出我們日常使用的觸碰螢幕。試構想在特定情境下，一件日常用品的各種用途，學習發明家的創意思維。

ACTION **■ 已完成·日期：**

練習：當你流落荒島，能用手中的繩做甚麼？

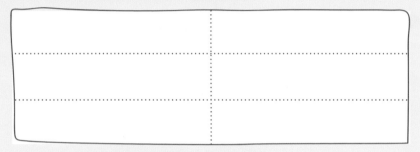

（你也可試用其他常見物品，重複以上創意練習）

 DAY 3 **寫下你的夢境**

造夢時人的聯想力處於最自由發揮的狀態，解除了現實的限制，所有天馬行空不合邏輯的幻想都可在夢中出現。夢境有時可提供意想不到的創意靈感，試將你最近或曾經的精彩夢境記錄下來，找出夢中的獨特創意。

ACTION **■ 已完成·日期：**

我曾經做過這個特別的夢⋯⋯

夢中最天馬行空的事是：

DAY 4 **假如你有超能力**

現實中有許多規則與框架限制了人們的想像力，然而無論外界有多少限制，你的思想也是自由的。思考超自然事物有助激發創意及聯想，今天請放下「怎麼可能？」的疑問，試幻想你擁有超能力後會怎樣吧！

ACTION ■ 已完成·日期：

❶ 我最想擁有的超能力：

❷ 我會如何運用我的超能力？

❸ 這種超能力可能會帶來的麻煩：

superpower

 DAY 5 **解決現有問題的發明**

試構想一項發明以改善你日常遇到的不便或問題。別拘泥於現實限制，也別怕失敗的可能，所有發明都從屢次失敗中誕生。只要存在創新意念和對問題的敏銳洞察力，便有可能發展出嶄新方法解決難題。

ACTION ■ 已完成·日期：

❶ 日常遇到的問題：

試畫出這項發明的草圖：

❷ 假如有這種發明就好了：

DAY 6 創意圖案加工

人的聯想力充滿無限可能，以下你可能只看到一堆圓圈，也可能是一隻貓、一盞燈、甚至是鄰居大叔的肚腩。請為以下圓圈加工，展現你的獨特聯想。

 已完成・日期：

 DAY 7 未完成畫作

「陶倫斯創造思考測驗」是心理學中經典的創意認知能力測試，為隨機線條加工建構成完整的畫作。畫作意象愈是豐富、幽默及富幻想力，創意得分愈高。今天試試發揮創意，完成以下畫作。

 已完成・日期：

41 提升專注力

明明知道應該專注於當前的重要事務,有時卻按捺不住開始神遊太虛、東張西望或轉做完全不相關的事情。身邊很多資訊都可奪取我們的注意力,當你缺乏明確目標與動力時,手機遊戲、社群訊息、電視影像,甚至連在眼前飛過的蒼蠅都比手中趕著做的任務有趣,令你的注意力迅速轉移,無法完成目標。

專注力如同肌肉一樣可透過恆常訓練來不斷強化,讓你能夠心無雜念地投入重要的事情,不被與目標無關的環境雜訊騎劫人生。本周嘗試用不同方法助自己重拾專注力,讓工作、學習和生活都變得更有效率。

DAY 1 找出最高效率工作時段

每個人最能專注的時間段不同,有人在早上、有人在晚上。找出自己的工作生理周期與專注力黃金時段,有助更有效地安排工作。習慣於個人最高效率的固定時間做固定的事,能讓你快速投入專注狀態。

ACTION ■已完成·日期:

晨型人	VS	夜型人
○ 早睡早起		○ 晚睡晚起
○ 下午開始工作狀態會下降		○ 早上容易賴床、感到疲倦
○ 較準時及有計劃		○ 晚上工作及活動充滿動力
○ 早上較活躍,不太享受晚間活動		○ 三餐較遲進食,常吃宵夜

我比較傾向 ○ 晨 / ○ 夜型人
在我最高效率時段內適合處理的工作類別:

DAY 2 凝視訓練法

有時上課或工作久了，就會忍不住東張西望。我們可練習長時間凝視某一點，減少眼睛和大腦吸收的資訊量，讓意識不易分散。聚焦某一處的過程或許會很無聊，腦海會浮現各種思緒，讓你忍不住想轉移視線，只要在限時內堅持將注意力集中於眼前這一點，便可穩定心神，訓練專注力。

ACTION ☐ 已完成 · 日期：

凝視訓練步驟：

① 設定計時器為3分鐘，開始計時

② 坐直身體，雙眼凝視右方圓點

③ 思緒遊走也沒關係，繼續凝視圓點

④ 時間到了，輕輕按摩眼睛附近肌肉

 DAY 3 訓練專注力遊戲

有不少小遊戲可以鍛鍊集中能力，例如以下的舒爾特方格（Schulte grid）遊戲讓玩家在尋找數字的過程中高度集中精神，恆常練習便可提升專注力。

ACTION ☐ 已完成 · 日期：

順序找數字遊戲：

① 自行製作一張如右圖的5x5表格

② 將1至25數字隨機填入

③ 快速從1順序數到25，計算時間

④ 下次可製作新圖表，再次進行練習

21	3	18	13	7
6	23	15	9	4
17	12	20	1	24
2	8	14	22	11
25	10	5	19	16

DAY 4 **聆聽白噪音**

身處聲浪太大與過分安靜的空間同樣容易心緒不寧,無法專注。可試試在溫習與工作時聆聽白噪音,例如規律的海浪聲、雨滴聲、風扇轉動聲等,藉由其穩定、規律、頻率一致的聲音讓思緒沉靜下來,不知不覺間變得專注。

ACTION ■ 已完成·日期:

1 **理想的白噪音推介:**

大自然聲音(風聲、雨聲、海浪聲)

如想加強工作氛圍,可用白噪音模擬辦公室環境(走動聲、鍵盤聲)

古典樂和輕柔音樂也有白噪音功能

2 **選擇白噪音注意事項:**

盡量不要有熟悉語言的人聲,以免注意力移到對話內容上

工作時聽的白噪音不要太緩慢,否則容易昏昏欲睡

 DAY 5 **番茄時鐘工作法**

每個人的連續專注時間有限,要一整天全神貫注地讀書和工作十分困難,適時休息停頓能讓大腦稍作放鬆,重新整裝後再次認真投入眼前任務。「番茄時鐘工作法」運用「專注25分鐘」及「休息5分鐘」為一個循環,利用計時器提醒你何時深度專注,何時放鬆充電,讓你能在最佳狀態下投入工作。

ACTION ■ 已完成·日期:

1 先寫出今天想要完成的工作,並排列出優先順序

2 將鬧鐘設定為25分鐘,在這時段內全心集中處理一件事情

3 當鬧鐘響起後,放下手上工作,靜靜地放鬆休息5分鐘

4 休息後,重啟25分鐘的工作和5分鐘休息,如此類推

DAY 6　正念練習

正念是對於當下的覺察，留意思緒如何流動、身體如何反應，再適時將溜走的注意力帶回此時此刻。正念有助平穩情緒，讓思緒更為清晰，幫你集中處理當前事務，提升工作成效。今天試完成一個簡單的正念專注力練習！

ACTION　■ 已完成・日期：

在工作／學習期間可進行簡短的正念練習，將注意力拉回當下：

① 坐直身體，維持最輕鬆自然的狀態，專注於一呼一吸，覺察自己現正在做甚麼？周邊的環境有甚麼？正在發生甚麼事？

② 閉上眼睛3分鐘，讓四周雜訊於腦海中略過，
專注於呼吸起伏

③ 張開雙眼回過神來，第一樣出現在你腦海中
想處理的事情是甚麼？過濾其他雜訊，重拾
專注，馬上著手處理這件事

 DAY 7　減少環境干擾

我們同一時間能夠關注的事物十分有限，過多環境雜訊和引誘會降低集中力。今日試試運用以下方法減少干擾，設立理想的學習與工作環境。

ACTION　■ 已完成・日期：

　清空工作枱面上與工作無關的雜物

　移走眼前色彩太過奪目的裝飾品

　要集中工作時，將手機鈴聲及社交媒體通知關掉

　調節舒適的房間溫度，太熱或太冷都難以集中

　如周圍環境太嘈吵，便帶上耳塞／降噪耳機

42 克服拖延症

面對大量工作限期步步逼近，明明一早訂了時間表，結果拖著拖著，未到非處理不可的時限，總是無法行動。即使知道拖延會引發一堆負面後果，仍將承諾了的任務一再延期。每次事後深感懊悔、對自己感到失望，下次卻又重蹈覆轍，擺脫不了拖延的漩渦。

拖延未必因為懶惰，許多心理因素都會引致逃避的處事傾向，要改善拖延問題必需對症下藥。如果你因為拖延習慣而困擾，可進行本周的各個練習，覺察問題背後原因、學習新的行動技巧，逐步調整身心狀態和信念，提升如期完成任務的動力。

DAY I 檢視拖延的原因

留意及反思拖延時常出現的藉口，有助了解自己拖延的原因。今天試利用以下列表，檢視個人拖延傾向和原因。

ACTION ▨ **已完成·日期：**

我經常會拖延：	我在拖延時經常會使用的藉口：
◯ 工作事務	◯ 我無法處理好這件事→欠缺信心
◯ 學習 / 功課	◯ 我一定要準備到最好才開始→完美主義
◯ 家務	◯ 從未試過，還是不要亂開始→害怕不確定性
◯ 運動 / 健康習慣	◯ 先享受再工作吧！→享樂主義
◯ 社交場合 / 互動	◯ 我很累，沒心情動力去做→缺乏能量
◯ 作決定 (無論大小)	◯ 其他：＿＿＿＿＿＿＿＿＿＿

DAY 2 ## 寫下拖延對你的影響

拋下該做的事，沉醉於享樂帶來的快感，在當下忘記或迴避拖延帶來的後果，結果一些原本可快速完成的事，要花費大量心力在最後關頭追趕進度，壓力倍增，成效亦可能強差人意。試回想最近一次拖延的經歷，反思其帶來的影響。

ACTION ▮ **已完成 · 日期：**

1 拖延的事情：

2 逃避的方式：

3 你有沒有因為拖延而影響心情和事情效果？怎樣影響？

4 如果你沒有選擇拖延，結果會否有改變？會有何分別？

 DAY 3 ## 檢視一件想做卻拖延了的事

經常拖延一些並非自願做的事情，絕對可以理解，但我們有時會連自己想做的事也用各種藉口一再拖延，令希望達成的事遙遙無期，日後後悔為何「當初」沒把握時間完成。今天請檢視自己願望清單上哪些項目被一拖再拖？

ACTION ▮ **已完成 · 日期：**

1 一件想做卻經常拖延的事：

2 你為何拖延做這件事？這些原因合理嗎？抑或只是藉口？

3 這一刻你願意做哪項實際小行動，助你逐步達成想做的事？

DAY 4 **學習降低要求**

很多習慣拖延的人對自己要求很高，太想做好一件事、太怕做得不夠好，反而消耗意志和行動力。如期完成幾份80分的項目，勝過超出限期良久才交出一份自認滿分的功課！若你因為追求完美經常無力行動，嘗試降低要求，將目標設定為60至80分就好，待工作完成後，若有空間再慢慢調整至理想成果。

ACTION ■ **已完成·日期：**

給完美主義拖延者的貼心建議：

「如期完成幾個合格小任務

勝過空想不做一個完美任務！」

你對這句話有甚麼看法？

❶ 計劃一件你最近需要處理的任務：

❷ 要令任務達到以下分數，你需要做哪些事和付出多少心力時間？

60分	80分	100分

❸ 如果因為執著達成100分而無法行動，可能被延誤處理的事項：

 嘗試學習以實際行動先求有，再求好！

DAY 5　將待辦事項分成小任務

有些必需完成的任務可能複雜得無從下手，令你害怕面對而選擇逃避。將一件大挑戰切割成多個小任務，由最簡單的開始逐一執行，會發現事情並沒想像中龐大，又可持續監察自己的進度。

ACTION ■ 已完成·日期：

將大行動分割成小任務練習

今天試試將你需要進行的複雜工作分成小任務，開始第一步吧！

選擇合適的分類法，將一項大任務分割成多個小任務：

1 **以時間為單位** 例：每分鐘／每小時／每日／每星期／每個月

2 **以步驟為單位** 例：製作產品：設計 → 製作 → 測試 → 更正

3 **以種類為單位** 例：舉辦一場派對：食物、娛樂、場地、邀請

4 **以部分為單位** 例：整理家居：客廳、廚房、睡房、廁所

你的待辦事項：

小任務1	小任務2	小任務3	小任務4	小任務5

在以上任務中圈出你覺得最輕鬆的一個，馬上動手做吧！踏出第一步後，覺得累了可停下來，若有動力便繼續完成其他細項。

DAY 6 ‖ **設定工作順序**

有時我們會拖延工作，是因為任務太多太亂，不知道該從哪項開始做起。當多項待辦事項同時出現，制定工作順序，會令工作條理清晰，防止多項工作交疊的混亂情況。除了按事項的重要優次劃分順序，也可按個人取向排序。

ACTION

▨ **已完成‧日期：**

為工作排序練習

set job priorities

❶ 將工作以重要優次及緊急優次分類：

	不 重 要	重 要
緊 急		
不 緊 急		

工作處理順序：重要緊急→重要不緊急→緊急不重要→不重要不緊急

❷ 有同等重要及緊急度的事項，就以喜歡度及難易度作分類：

👎 不喜歡 ⟵⟶ 喜歡 ♥

★★★ 困難 ⟵⟶ 容易 ★

❸ 請參考以上指標，為你目前的工作排列順序：

DAY 7　善用5分鐘法則

蔡戈尼效應（Zeigarnik effect）指出人的內心有種辦事需要有始有終的驅動力。與已完成的工作相比，啟動而未完成的工作能留下更深刻印象。一旦工作開始了但尚未完成，會在腦海中揮之不去，想快些完成它。例如你將菜切好了，下一步就會想把它們放到鍋裡煮。

面對比較麻煩的工作，可利用簡單的5分鐘任務，快速為大腦按下開始鍵。例如想把毫無頭緒的作業拖到明天再做，倒不如馬上花5分鐘撰寫大綱或上網快速搜尋相關資料，接下來就算想另找藉口拖延下去，大腦都會自動提醒你有尚待完成的工作，令你更有動力和靈感完成餘下部分。

ACTION　■ 已完成·日期：

5分鐘法則練習

善用5分鐘法則按下開始鍵，或許會在不知不覺間完成更多任務！

1 先列出一項最近要處理的複雜任務

2 列出5分鐘內能夠完成的3項相關小任務

小任務1	小任務2	小任務3

試試馬上做其中一個5分鐘任務！

3 記錄自己完成這5分鐘任務後的感覺和下一步計劃！

43 提升工作效率

無論你是學生、上班族或主婦,有時會否感到辛苦了一整天,工作依然毫無進度?經常力不從心,無法提高工作效率?學習精簡有效的工作管理方式,不僅有助提高工作效率,節省下來的時間還可投放到休息與娛樂之上。

很多人以為只要埋頭苦幹、不斷延長工作時間便會有成效,其實提升工作效率最重要在於以最少時間達成最多或具質素的成果,重點應是「聰明地」工作,而非執意於「長時間努力」工作。本周跟大家探討如何運用一些工作規劃和時間管理方法,讓日常工作更加事半功倍。

DAY I 每天寫下你的待辦清單

每天早上或前一晚預先規劃需要完成的工作,建立一張待辦清單(to do list)擺放在當眼處提醒自己。每當完成一項任務就加上標誌作識別,讓工作進度更加一目了然。如果希望靈活運用時間,可預先製作一周的待辦清單,每項都設一個截止期限,同時預留彈性和休息時段,就能因應突發情況調配工作。

ACTION ■ 已完成 · 日期:

我的待辦清單	
今天必需完成:	較次要的項目:

DAY 2 制定專屬的工作流程習慣

為重複性的工作安排特定處理時段,例如每天早上回到辦公室便回覆及清理所有電郵,或者用午飯後時段處理無需費神的簡單文書工作。習慣了既定流程,只要時間一到,你的大腦和身體會自動進入狀態,推動你完成任務。

ACTION ☐ 已完成·日期:

每天都重複的工作	規定完成的時段

 DAY 3 先吃掉那隻青蛙

美國知名作家博恩·崔西提出的時間管理理論指出最好的方法是將抗拒而重要的工作安排為當天的第一個任務。他以青蛙作比喻:假如你每天需完成的任務是生吃一隻青蛙,將這任務優先完成,接下來的一天會變得較輕鬆順利,因為你已處理了一天中最糟糕的事。

ACTION ☐ 已完成·日期:

試試先吃掉那隻青蛙,處理你不太想做但不得不做的工作吧!

你眼中的青蛙	你打算如何「吃掉」牠?	完成後的感覺

DAY 4　80／20法則

意大利經濟學者帕列托提出的「80／20法則」可用作解釋時間效益：所有工作中只有20%是關鍵，而其成果佔據了整體工作效益的80%。我們應學會區分重要和不重要的事項，將80%心力專注於執行那20%關鍵任務，而只用20%心力處理其餘瑣碎的80%工作，以達成最大成效。今天來找出你的關鍵工作！

ACTION　■ 已完成·日期：

關鍵20%工作　80%的成效

其餘瑣碎80%工作　僅有的20%成效

DAY 5　提早起床進入狀態

每天總是拖到最後一刻才起床，醒來後神智未清便匆忙投入學習與工作，反而影響效率與心情。嘗試在睡眠充足的前提下，提早半小時起床，別倒頭再睡、別顧著看手機上與你無關的資訊，起來做點幫助你進入狀態的活動。

ACTION　■ 已完成·日期：

提前半小時起床，在這段時間做些幫助你進入狀態與提升工作效率的活動，例如聽音樂、享用健康早餐、運動或規劃工作順序。

自選有助我進入工作狀態的晨間活動，明天開始行動：

DAY 6 善用碎片時間

每天有很多瑣碎時間，例如排隊、乘車和等人，若能充分利用碎片時間，便可順道完成更多事。現代人普遍以看手機來消磨時間，不妨將部分碎片時間連結到有意義的事情上，例如乘車時學習實用知識和訓練外語聽力、排隊時練習攪舌養生法等。今天就來制定適合個人在碎片時間完成的價值任務！

ACTION ☐ 已完成 · 日期：

1 **每當我乘車時，可以**

2 **每當我等候時，可以**

3 **每當我排隊時，可以**

4 **每當我＿＿＿時，可以**

 DAY 7 尋找工作捷徑

若發現自己千篇一律及低效率地做相同的事情，應尋找更快捷完成的方法。簡單如重新規劃辦公桌的動線、學習使用電腦快捷鍵、建立文件夾捷徑、將聯絡資料系統地排列及製作快速閱覽指引。花些少時間整理常見任務的操作程序，之後便可遵循流程快速執行，無需每次再重新規劃。

speed up

ACTION ☐ 已完成 · 日期：

經常要做的任務工序：　　　　　　　　　　有沒有捷徑加速處理？

44 讓每一天值得期待

當每天的生活重重複複、沒有驚喜，很容易產生厭倦感，覺得一切索然乏味，沒有興趣和動機投入目前的生活。令人厭倦的可能是學習、工作、某段關係或整體生活，當很想改變又未能改變，整個人會變得萎靡不振，能量和表現下降，如行屍走肉一樣，對未來不再期待。

要提升生活幸福感，可於日常製造火花與驚喜，令每一天都值得期待。你可以善待自己身心靈需要、發掘新的刺激愛好，或為舊有興趣和習慣注入新意義，提升生活動力。本周多花點時間創造期待感，讓每一天都變得更特別！

DAY I 計劃美好的早晨

一日之計在於晨，讓一天擁有美好的開始，助你整天變得更有動力。無論你的時間是否充裕，都可按個人實際情況，於早上進行簡單的療癒活動。

 已完成·日期：

5分鐘

伸展身體

整理床鋪

呼吸練習

15分鐘

沖杯咖啡或花茶

整理當日待辦事項

和親密的人閒聊

30分鐘

吃個豐富的早餐

出門前聆聽音樂

在家附近散步

good morning

DAY 2　計劃一個新行動習慣

於日常引入新的行動習慣，例如規定每天學習一些新事物、預留時間做一件自己喜歡的事、臨睡前拉筋一會兒等。這些新習慣有助培養行動力，為每天注入新意義，令乏味無趣的日常變得充實。

已完成·日期：

我計劃建立以下日常新習慣

我準備每天……

> 💡 **小提醒：** 盡量將行動量化，例如每天閱讀3篇文章

DAY 3　約定朋友做一件有趣的事

有多久沒有和朋友好好相聚了？與好友到訪一間新開的餐廳、一起做義工、規劃一場派對……提前計劃與喜歡的人共度特別時光，即使工作和學習怎樣辛苦無趣，都可為生活增添期待感，治癒疲憊的心情。今日試聯絡志趣相投的朋友，約定做一件新鮮有趣的事。

已完成·日期：

我準備邀請 ＿＿＿＿＿＿＿＿＿ 一起進行以下活動：

DAY 4 嘗試新體驗

嘗試新體驗有助減低生活一成不變的厭倦感，還可擴展思維、提升自信、學習新的處事方式，會變得更有信心和勇氣跳出舒適圈。今天來為自己策劃一項新體驗，促進積極正面的情緒吧！

已完成・日期：

你想嘗試的新體驗：

1 ....

2 ....

3 ....

新體驗例子：

- 極限運動 / 運動挑戰
- 到訪新的地方 / 旅遊
- 與陌生人交談互動
- 全新的兼職工作

DAY 5 注重生活儀式感

如果你覺得生活很沒趣，今天、昨天和明天好像都差不多，絲毫不值得期待，不妨花心思為生活製造儀式感。所謂儀式感是認真對待生活的心態與行動，令某個經過悉心安排的時段變得與別不同，讓人在平淡之中得到療癒慰藉。

已完成・日期：

自訂增加期待感的生活儀式：

1 ....

2 ....

3 ....

生活儀式例子：

- 下午沖一杯喜歡的花茶
- 用餐時鋪上美麗餐墊
- 轉換新髮型及衣服配搭
- 共享優質家人相處時光

DAY 6　給自己一點獎勵

覺察到自己的付出和努力，犒勞忙個不停的自己，可補償因工作及生活壓力造成的情感消耗。學會自我關懷與感恩，給予自己應得的小獎勵，會感到精力充沛而滿足，有助建立自愛，提升生活動力。

ACTION　■ 已完成・日期：

今天想給自己的獎勵：

獎勵例子：

- 享用美味餐點
- 購入負擔得起的心儀物品
- 容許自己放假休息

 DAY 7　安排休息日

定期預留一天專注於休息，為身心靈充電，重拾對生活的期待。每個人喜歡的休息方法不同，有人與親朋聯繫玩樂最為自在，有人需要優質獨處時光才能放鬆。無論你是哪種取向，今天請以自己喜愛的方式好好休息！

ACTION　■ 已完成・日期：

如何全心全意地休息：

❶ 不用執意讓休息日變得極為充實而將行程排滿

❷ 避免思考及處理工作相關的事務

❸ 好好感受當下，暫時放下手機，遠離社交媒體

我的休息計劃：

45 尋找意義感

怎樣的人生才算有意義？這個問題是很多人的焦慮來源。當一個人很想追尋意義，但不清楚自己想要甚麼，又說不出自己生命裡有任何精彩的環節，會自覺生命沒有意義，產生巨大的空虛感。

其實願意思考人生意義者代表他們不甘受限於庸碌的日常，只要嘗試找到自己渴求的生命火花，並嘗試實踐夢想，已是建構人生意義的重要過程。研究指出對生活有強烈目標感的人會活得更久、更健康，若發現你的生活正以自動模式麻木地運行，是時候喚醒沉睡的心靈，好好探究人生的意義。

DAY 1 發現內心的眞正渴求

你會否覺得生活裡有許多事情都是別人期望和逼迫你做？你覺得這樣很沒趣、沒意義，一點都不想做，但是當有人問及真正想做和感到有意義的事，你又能清晰而自信地說出來嗎？若心有顧慮不願告訴別人，沒關係，自己清楚就好，今天就試試探究心中的渴求吧！

 ACTION　█ 已完成·日期：

請真誠地回答以下幾條問題：

❶ 撇除現實考慮，有哪些事是你不收錢也願意和有動力一直做的？

❷ 你做以上事情的時候有何感受？

❸ 有沒有一些現實因素阻礙你去做或全心投入上述事情？

❹ 你願意為這件事犧牲甚麼及付出哪些努力？

DAY 2 ## 發掘每天日常的意義

無論來自哪個背景、從事哪種工作,大部分同年紀的人都會重複著相似的日常流程:起床、上學、上班、吃飯、乘車、做家務、睡覺……這些我們早已習慣的日常佔據了人生很大的部分,看似毫不特別,但如果能欣賞當中的意義,甚至加添一些專屬樂趣,即使重複的日常都可倍添意義。

ACTION ▨ **已完成・日期:**

日常事務	對自己有何益處?	如何令它變得有趣?

 DAY 3 ## 點算學習或工作中值得喜歡的地方

許多人覺得上班上學和做家務是苦差,嘗試細心留意這些任務有否令你喜歡、享受或有意義的地方?例如上學對你而言很沉悶,但與同學聊天很快樂;你可能厭倦出版工作經常要日夜趕稿燃燒腦細胞,但能透過這份工作發揮創意及獲得讀者賞識,作品每次面世的滿足感更是異常珍貴。

ACTION ▨ **已完成・日期:**

❶ 日常學習或工作中值得喜歡或有意義的地方:

❷ 如何在學習或工作中發揮你的優勢?

DAY 4 一次克服困難的經驗

處於困境可激發出一個人的解難能力，若然成功克服困難更可帶來令人振奮的成就感，這些經驗很多時會讓你體會到自己的存在價值。今天試回想一次成功克服困難的經驗，重新感受過往難關所建構的意義感。

■ **已完成‧日期：**

❶ 記錄一次克服困難的深刻經歷：

❷ 透過那次經歷，我感受到的力量和意義：

 DAY 5 你想為世界帶來的改變

假如你有能力為世界帶來一項正面改變，那會是甚麼？即使現在的你未必有足夠資源和能力去作出巨大影響，試反思你的經驗和專長，持續努力會否能帶來一點你渴望的改變？試構想自己可透過哪些行動，讓世界變得更美好。

■ **已完成‧日期：**

❶ 我希望世界可有以下的正面改變：

❷ 我可透過甚麼行動推動這改變？

DAY 6 來自未來的信

假如多年後走到生命盡頭,驀然回首,你覺得自己的人生經歷了甚麼、達成了甚麼?代入年老的你,以第一人稱書信形式,構想你這輩子的人生意義和將會達到的成就。那麼現在的你能夠做些甚麼,以達成這理想的人生?

ACTION ☐ 已完成·日期:

由將來致現在的我:

to myself

 DAY 7 建立你的完成清單

我們習慣制定待辦清單去提醒自己要完成無窮無盡的工作。今天暫時放下對自己的追趕,建立一個完成清單(done list),記錄自己過去一段時間完成過甚麼、達成了甚麼目標,以肯定你曾經的付出和努力。透過這張清單,也許你會發現自己的生活並非一事無成,還是有點意義和價值的!

ACTION ☐ 已完成·日期:

最近半年完成了的事/作出的努力:

46 邁向財務自由

財政管理是人生規劃的其中一個重要範疇，畢竟財務狀況影響我們對工作、生活和退休的選擇。近年興起「財務自由」的說法，意思是財政充裕至不必為了賺取生活費而工作。在你眼中，財務自由是遙不可及的final fantasy，抑或只要妥善規劃便能逐步達成的financial freedom？

談錢好像有點庸俗，但無可否認的是，提升財務健康讓人有能力照顧自己、支援別人、身心自在、隨心追夢。每個人對「多少錢才足夠」的定義都不同，最重要是能因應個人需求進行理財規劃。無論你現在的年紀和財政狀況為何，都可學習健康理財方法與設定個人化的財務目標！

DAY 1 掌握當前財務狀況

了解自己當前的財務狀況，才可認清與目標的距離，及早制定更合乎你情況的理財規劃。今天就來「認清現實」，審視你的資產及債務現況。

ACTION ■ 已完成·日期：

你的資產		你的債務（同時列明你的還款時限）	
現金		信用卡欠款	
銀行儲蓄		學債	
股票/債券		物業按揭貸款	
物業		汽車貸款	
其他		其他	
資產淨值（資產 - 債務）：			

DAY 2 訂立財務目標

你為了達成甚麼人生目標而渴望理財儲蓄？享受物質、外遊、升學、結婚、生育、置業還是退休？要有明確財務目標才可以找出切合個人需要的理財方法，而訂立有效可行的財務目標也可利用前文提及過的SMART方法。

ACTION ☐ 已完成・日期：

1 **S**pecific（具體的）

2 **M**easurable（可測量）

3 **A**chievable（可達成）

4 **R**ealistic（實際的）

5 **T**ime-based（有時限）

DAY 3 建立記帳習慣

感覺金錢常常在無意間流失？很可能因為你沒有妥善的記帳習慣！大家可利用手機備忘錄或記帳應用程式，每天及時記錄當日支出，有助了解個人收支情況與消費模式，找出金錢流失的缺口。

ACTION ☐ 已完成・日期：

項目／類別	金額（$）
本日總開支：	

DAY 4 **設定固定的儲蓄比率**

儲蓄率多寡關係到何時達成財務自由。每月無意識地亂花錢，然後將剩餘的錢儲下來，並非有效的儲蓄辦法。應按個人恆常收支情況設定固定的儲蓄比率，例如月入的三成，每月出糧後便馬上手動或自動過戶至另一較少使用的帳戶，助你養成穩定儲蓄的習慣。

ACTION ■ **已完成·日期：**

我每月的收入：

我會將每月收入的＿＿＿%轉至儲蓄戶口

我每月會過戶至儲蓄戶口的金額：

 DAY 5 **減少非必要開支**

了解自己當前財務狀況和消費習慣後，就要為開支訂立適合的預算，在節省金錢和維持生活水平之間取得平衡。如果你希望早日達成財務自由，請真誠地檢視目前哪些個人開支並非必需，以省略或較便宜的方式替代。

ACTION ■ **已完成·日期：**

看看你有沒有以下非必要開支可刪減？

○ 甚少使用的訂閱網上平台 / 應用程式

○ 甚少使用的健身中心 / 美容院會員費用

○ 經常更換最新型號的電子產品

○ 買了卻很少穿著的衣服 / 很少使用的護膚及化妝品

○ 外出用餐費用

○ 衝動消費，例如：＿＿＿＿＿＿＿＿＿＿＿＿＿＿＿＿＿＿

DAY 6 增加收入來源

開源是改善經濟條件的有效方法，除了固定工作收入外，還可在身心狀況能兼顧的情況下，透過投資與兼職來增加收入來源，加快達成財務目標的進度。

ACTION　■ 已完成·日期：

1 目前每月固定收入：

2 以下哪樣是你會考慮增加收入的方法？

- ◯ 轉工　◯ 兼職　◯ 基金債券　◯ 買賣物品　◯ 考取專業資格
- ◯ 股票　◯ 創業　◯ 定期存款　◯ 儲蓄保險　◯ 其他：＿＿＿

DAY 7 計算財務自由所需儲備

根據美國學者提出的4% rule，假設一個人每年總支出為總資產的4%內，而預計被動收入（例如存款利息、租金回報）的回報率每年最低也有4%，那麼每年的被動收入已足以應付日常開銷。要計算達至財務自由所需金額，便要先預計自己未來的被動收入和日常生活所需支出。

ACTION　■ 已完成·日期：

財務自由定義：每月被動收入＞每月必要開支

1 計算你每年生活的必要總支出：$＿＿＿＿＿＿＿＿＿＿＿

2 根據4% rule，你需儲備的總資產
＝預計每年必要總支出（$＿＿＿＿＿＿＿）／ 4%
＝$＿＿＿＿＿＿＿＿＿＿＿

3 預計達成財務自由目標所需年期：＿＿＿＿＿＿＿＿年

*欲精準預計財務自由所需儲備和時間，需將通脹、預計薪金增幅等因素納入考量，可參考網上現有的財務自由計算機

CHAPTER FIVE

整理空間

健康習慣養成之路……

覺察　→　動機　→　行動　→　維持

邀請你在這空間整理思緒，儲備動力將最近嘗試的健康行動轉化成持久習慣！

本章介紹了一系列生涯規劃的練習，
請記錄你嘗試過的行動。

列出本章中你最喜歡的三個練習，
請說明進行練習後的感覺。

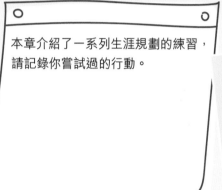

哪些行動是你有興趣但未嘗試的？
你打算何時行動？

哪些行動是你目前沒有興趣嘗試的？
為甚麼？

你覺得在規劃與實踐理想人生的最大障礙是甚麼？

你會嘗試將本章節哪些行動融入日常生活中？

你會用哪些方法幫助自己持之以恆地實踐這些良好習慣？

給自己的 **提醒**

數碼

Digital

Wellness

生活

Chapter
06

在數碼時代中

平衡自主

遊刃有餘

47 利用數碼工具改善健康

自從各式數碼工具大行其道，很多人擔心長期使用手機、電腦和上網會影響身心健康。其實數碼健康（digital wellness）的定義並非不上網、不用手機，而是以自主態度，運用數碼工具來提升生活質素，同時避免沉溺其中受其所控。

目前有許多智慧手機、應用程式和網上資訊能助用戶掌握身體現況及維持健康的方案，例如計算卡路里營養、追蹤睡眠模式、改善壓力管理及運動建議等。今個星期，我們一起利用現有的網上資源，每天關顧自己的身心健康，就讓這成為一個契機，助你養成時常管理個人健康狀況的習慣。

DAY 1　計算食物熱量及營養成分

計算每餐進食了的熱量和吸收的營養成分，不但便於體重管理，更可了解自己日常飲食習慣是否均衡健康。現時有不少網站和應用程式可供查閱及記錄各種食物的熱量水平和營養成分，今天試利用線上工具搜尋「卡路里計算」，然後記錄你進食內容與總熱量吸收！

■ 已完成．日期：

類別	食物 / 飲品	卡路里（kcal）
早餐		
午餐		
晚餐		
小食 / 其他		

我今天總共攝取了＿＿＿＿＿＿卡路里（kcal）

DAY 2 飲水提示

適當的補水不僅是為了解渴,喝足夠的水對健康有各種重要的好處,從調節體溫到促進新陳代謝。有時我們會因為太專注工作與娛樂而忘記飲水,可使用飲水應用程式記錄每天攝取水量,並預設提示,提醒你適時補水。

ACTION ▨ 已完成·日期:

① 設置手機鬧鐘或利用補水應用程式提醒自己定時飲水

② 記錄今天的總飲水量

 DAY 3 計算今日步數

每天步行8,000至10,000步有助鍛鍊體力與保持健康,現時普遍手機內置的健康應用程式可記錄每天的步行數量,甚至走樓梯、斜坡的上落層數,繼而估計當日消耗的熱量。如果留意到自己某段時期步數太少,請訂立目標,鼓勵自己增加步行時間。你今天又走了多少步?

ACTION ▨ 已完成·日期:

打開手機內的健康程式,掌握自己今天的步行資訊

今日總步數	
步行 / 跑步距離	
行樓梯段數	
過去一周平均步數	

DAY 4 **管控耳機聲量**

很多人會使用手機和耳筒聽音樂、玩手機或欣賞影片，若音訊設備音量過大，有機會影響聽覺，值得我們多加留意。普遍智能手機內置的健康應用程式可分析你平日使用耳機的習慣，檢測音量水平是否可接受。你亦可以設置最高音量水平限制，提防日常因音訊聲量太大而導致聽力受損。

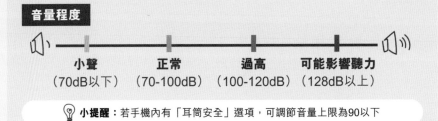

ACTION ◾ **已完成·日期：**

檢視日常習慣使用耳機的音量水平：　　　　　　　　　**dB**

音量程度

小聲 | 正常 | 過高 | 可能影響聽力
（70dB以下）（70-100dB）（100-120dB）（128dB以上）

💡 **小提醒**：若手機內有「耳筒安全」選項，可調節音量上限為90以下

 DAY 5 **追蹤睡眠數據**

睡眠數據對於各種病症有預測風險的作用，通過應用程式或智能手錶監察你的睡眠模式和習慣，包括睡眠周期有沒有睡眠被打斷和打鼻鼾的情況，有助了解自己是否享有優質睡眠。若有戴智能手錶的習慣，更可記錄睡眠時的心率跳動和體溫。今日試用應用程式了解當晚的睡眠質素。

ACTION ◾ **已完成·日期：**

睡眠時間：	
完成了的深層睡眠周期：	
打鼻鼾的時間：	
其他值得注意的事項：	

DAY 6 跟隨網上影片健身

若因使用手機和電腦而長期久坐不動，會對健康構成風險。何不利用網上工具增加運動知識與動力？網上有不少健身、瑜伽和跳舞的入門級教學影片，試追蹤這些頻道，定期跟隨網上導師動動身體。

ACTION ▌已完成‧日期：

❶ 上網搜尋健身／瑜伽／跳舞影片，嘗試跟著完成

❷ 我今天跟隨網上導師完成了的動作：

❸ 我的感受：

 DAY 7 網上正念練習

除了生理健康外，各種正念網上平台和應用程式也可用於改善心靈健康，讓你不受時地限制實踐自我關懷。練習正念有助管理情緒起伏和壓力水平，將身心專注於當下。不少網上的正念資源可因應你的需要和習慣制定個人化的正念練習專案，讓你更有動力於日常實踐正念。

ACTION ▌已完成‧日期：

❶ 我今天花了＿＿＿＿＿＿＿分鐘練習正念

❷ 我於是次正念練習中的體會和感受：

48 網上學習新知識

現代學習逐漸脫離傳統教學框架，每人都可按自己步伐，利用不同形式和資源進行自主學習。經過疫情的洗禮，不同年紀的學生愈來愈習慣利用豐富的網上資源作自我增值之用，即使無法外出上學，安坐家中都可認識世界。

網上學習擺脫了時間、地點和形式的限制，不需像傳統學習形式般，要耗兩三小時到特定地點聽課，用家亦能利用碎片時間吸收知識。只要透過個人化方式在網上尋找感興趣的學習素材，再經過整理和消化，就能深化成長遠的知識。本星期就利用網上豐富的學習資源，打開吸收新知識的大門。

DAY 1 網上學習注意事項

在開始線上學習旅程之前，想先給予大家一點小提示。網上資訊垂手可得，若然你囊時間將數千個網頁加入閱讀列表或報讀大量網上課程，卻沒有足夠時間和心力將吸收的資訊消化與整理，便會過目即忘，未能帶來實際好處。我們可按個人喜好、需要和步伐在網上探索知識，也要承認時間與精力上的限制，別要漫無目的地在網海浮沉而影響了日常生活的其他任務。

ACTION ▌ 已完成·日期：

網上學習時要留意以下數點：

1 接納自己無法掌握所有知識，按個人喜好、需要、能力和時間決定該學習甚麼，能避免產生知識焦慮

2 當吸收資訊至身心疲累，先暫停一下，休息過後再繼續

3 每次獲取網上新資訊，應給自己時間消化、沉澱與整理

DAY 2 **看一段感興趣的教學文章**

不少網上文章包含豐富資訊，不只將繁複的資訊整理得簡化易吸收，也有各個界別的專業人士對不同議題和事件發表的專業見解，甚至是一些重要技能的教學分享。今天不妨花15分鐘看一段教學文章，主題沒有規限，無論是時事、美妝、科技、地理或歷史，盡情挑選你感興趣的課題吧！

ACTION ☐ 已完成·日期：

1 我閱讀的文章是關於：

2 我從這篇文章學會了 / 體悟到甚麼？

 DAY 3 **花15分鐘看一段外語短片**

除了本地資訊外，我們在網上可隨時接觸到世界各地的媒體創作者，他們創作的影片是學習外語的珍貴資源。今天花15分鐘看一段外語短片，主題無規限，單純的外語教學或你有興趣的其他主題短片都可以。

ACTION ☐ 已完成·日期：

我於短片中學會的3個新的外語詞彙或概念：

新辭彙 / 概念	意思

DAY 4 認識外地風土人情

網上學習讓人瞬間看地球,接觸到不同地域的資訊。即使足不出戶,我們隨時都能來一趟「越洋之旅」。今天在網上尋找一個你從未踏足之地的資訊,例如是網上旅遊短片、網誌、外國旅遊局網站等,認識外地的資訊與風土人情。

ACTION ☐ 已完成·日期:

❶ 今天我在網上認識了一個新地方:

❷ 當地特色和風土人情:

 DAY 5 釐清一個概念

有沒有一個概念或詞彙你經常聽人提及,感到有點好奇,但一直不太理解它的實際意思?例如反物質、元宇宙、NFT、蝴蝶效應等。今天試空出一段時間,認真地在網上尋找相關資訊,再在下方整理,解開你心中的謎團。

ACTION ☐ 已完成·日期:

❶ 我所查詢的概念 / 詞彙:

❷ 我的整理和發現:

跟著影片動手創作

網上有數之不盡的DIY教學影片，由輕巧的甜品製作與手工創作，到學習進階的手藝如剪髮、家居裝修設計，都有不同的達人傳授心得與技巧。今天不妨跟著感興趣的教學影片一步一步動手做，感受製作過程帶來的療癒感。

已完成·日期：

1 我學會製作：

2 簡述製作過程：

3 看到我的成品，我感到：

 試讀一個網上學習課程

現今網上學習平台提供許多進修課程，例如Udemy、Coursera和Hahow等，具有豐富的教學資源和網上練習，有些更是由名牌大學教授任教，完成後可作專業認證。各個網上學習平台不時會推出免費課程或報讀優惠，今天可搜尋一個感興趣的免費網上課程，發掘你的進修方向。

已完成·日期：

1 我試讀的課程：

2 學習內容：

3 試讀後的感受（對這題材有提升興趣嗎？）：

49 進行數碼排毒

「機不離手」已成為大眾的生活模式，雖然網上資訊豐富、便利於處理事務及消磨時間，但當你投放過多時間和心思在數碼世界，日常作息及生活習慣容易受到影響，對身體機能帶來負擔、損害睡眠質素、怠慢工作及學習，甚至分薄了在現實中與親朋相處的時間。泛濫資訊也會左右我們的心情，例如看太多負面新聞引起焦慮和憤怒，又或因他人在社交媒體中「活得精彩」的貼文觸發比較心態，自覺生活不夠好而感到自卑。

本星期請預留數碼排毒空間，循序漸進地減少使用數碼產品和網絡，重新建立自控的生活習慣，讓身心靈休息充電。

DAY 1 限制螢幕使用時間

每日習慣盯住螢幕的你，有留意到自己對手機的「中毒」程度嗎？請打開你的手機設定，查看過去一星期平均每日的螢幕使用時間。排除工作／學習上必需使用的情況，建議成年人每日螢幕使用時間為兩小時以內，這對都市人而言可能不易做到，但我們可按自身步伐逐漸減少螢幕使用時間。今天試比昨天減少四分一使用電子產品及網上瀏覽時間，並以其他活動取而代之。

 ACTION 已完成·日期：

❶ 我每天平均的螢幕使用時間：

❷ 今日目標的螢幕使用時間：

❸ 在省下的時間中，我可以做的其他事情：
  （例如看書？運動？畫畫？）

DAY 2　吃飯時不看手機

我們吃飯時經常只顧滑手機，匆匆忙忙就吃了一餐，若不看餐前拍下的相片，便難以憶起那餐吃了甚麼、味道怎樣、擺盤如何、和同枱飯伴聊了甚麼。今日嘗試在進食其中一餐時不使用手機，專注於進食過程並記錄下來。

ACTION　■ 已完成‧日期：

① 今餐我吃了：

② 材料有：

③ 味道怎樣？

④ 我喜歡這餐嗎？

⑤ 誰與我一起用膳？

⑥ 我們聊到哪些話題？

試畫出你今餐吃了甚麼

DAY 3　坐車時不看手機

坐車看手機容易頭暈，對眼睛和頸部造成負擔，在你埋首玩手機的當下也錯過了車窗內外的風景。今天嘗試在乘車期間放下手機，多留意車廂外景象或觀察車內眾生相，亦可以藉此機會練習正念呼吸，讓身心平靜下來。

ACTION　■ 已完成‧日期：

我在今天車程中觀察到的3件事：

DAY 4 **行路時不看手機**

邊行邊用手機，很容易釀成意外，輕則和途人相撞，重則捲入交通意外。專心走路除了更加安全，有時會有意想不到的發現。今天行路時試試別盯著手機，用雙眼欣賞城市街景，並記錄路途上的小發現。

已完成・日期：

試描繪出今天在路上觀察到的街景或新發現：

 DAY 5 **睡前半小時不看手機**

晚上使用手機可能受螢幕的藍光影響而導致失眠，睡前接觸太多資訊亦容易令人思緒過度活躍，影響睡眠質素。今天睡前半小時請放下手機，試以其他助眠儀式取代，安心準備入睡。

已完成・日期：

1 今天最後使用手機的時間：

2 今天預計入睡時間：

3 今天在睡前半小時會做的行動：

臨睡半小時前可做的助眠小行動：

- 靜觀腹式呼吸練習
- 簡易瑜伽拉筋運動
- 看輕鬆心靈系書籍
- 聽輕柔音樂
- 寫感恩日記為今天作結

goodnight

DAY 6 關掉社交應用程式

現代人常被社交媒體左右，對別人的生活過於好奇，作無謂比較，又擔憂與熱門話題脫節，養成了無止境地瀏覽社交媒體的習慣。今日試將手機社交應用程式的通知功能關上，刻意不點進任何社交平台，只專注於當下自己的生活和現實中的社交活動。

ACTION ☐ **已完成·日期：**

1 暫停使用社交媒體的今天，我空出了多少時間：

2 空出了的時間，我可以運用在：

 DAY 7 數碼排毒一整天

經過數日練習，你可能已沒那麼依賴數碼產品和網絡。今天來個升級挑戰，嘗試一整天完全不使用任何數碼產品和上網（只允許在必要時使用）。每當慾望難抑時，請以其他活動或行為代替，並利用下表記錄你的心情和行動。

ACTION ☐ **已完成·日期：**

1 我今天使用數碼產品／上網的次數和時間：

2 我當時為甚麼會使用數碼產品：

3 可以取代使用數碼產品慾望的活動：

4 刻意遠離數碼產品的感受：

WEEK
50 善用社交媒體

很多人習慣以社交媒體來營造自己的形象和身分，透過網上分享互動滿足個人社交需要。雖然社交媒體有便利及多元等優勢，但它無法完全替代現實世界的人際關係。過度依賴社交媒體，有可能讓你忘了活在當下，甚至造成不良的比較心態，引起焦慮和不安情緒，被網上經歷主導生活。

研究顯示過度頻密使用社交媒體或令情緒不安與波動，例如有人會對社交平台上意外慘劇的實時報導感到害怕、對朋友留言訴苦不知所措、看到荒謬意見忿忿不平、為自己發文不被關注而難過。假如你發現自己花費過多時間在社交媒體上，讓沮喪和孤獨感侵蝕生活，是時候重新審視你的社交媒體使用習慣，並學會尋找更健康的平衡點。

DAY I 限制使用社交媒體的時間

你每天花多少時間無意識地瀏覽社交媒體？有時不停按刷新鍵追蹤最新資訊，卻感受不到任何有價值的內容可以帶走。當這自動化的習慣影響了你日常工作的效率和心情，便有需要規管每天花費在社交媒體的時間。

ACTION ☐ 已完成 · 日期：

現時每天在社交媒體花上	規限自己每天在社交媒體只可花
＿＿＿＿＿小時	＿＿＿＿＿小時

減少社交媒體使用小貼士：

1 在設置中關閉特定社交媒體應用程序的通知

2 培養一個不需使用電子產品 / 螢幕的喜好

3 將手機放在遠離床邊的地方，睡覺前不要使用

DAY 2 ## 減少比較

只留意到別人在社交平台上光鮮亮麗的一面，我們可能會默默與他人作比較，認為自己活得沒有別人精彩、不如別人名成利就，甚至因此產生自卑的情緒。覺察到社交媒體並非代表現實的所有，能助你脫離比較和自卑的漩渦。

ACTION **已完成·日期：**

檢使個人使用社交媒體時會否特別在意以下各項：

○ 社交平台帳戶的追蹤 / 朋友人數

○ 個人貼文的讚好及留言數目

○ 個人在社交平台上的相片是否完美無瑕

○ 個人在社交平台上發布的消息是否吸引

○ 別人在社交媒體呈現的生活顯得比你好

 DAY 3 ## 過濾令你不開心的資訊

社交媒體讓你每天接觸到大量不同的資訊，這些資訊很多時候都不曾被過濾，部分會引起煩厭、不安或恐慌情緒，敗壞你一天的好心情。若發現你的情緒長期被某些內容影響，可過濾或退訂令你不開心的資訊。

ACTION **已完成·日期：**

考慮過濾令你不愉快的資訊：

○ 血腥或殘忍的新聞及災難影像

○ 持有極端主張的團體或專頁

○ 轟炸式發布的資訊

○ 頻密出現而沒興趣的廣告

○ 其他：＿＿＿＿＿＿＿＿＿＿＿＿

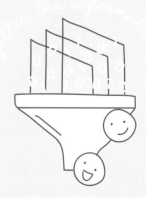

DAY 4 **好友清單斷捨離**

社交媒體上的好友清單中有多少個是你現實中也認識，或是真正關心的人？今日試為你的網友清單斷捨離，只留下有價值及有需要的聯絡。

ACTION ☐ 已完成·日期：

好友清單斷捨離貼士：

刪除及封鎖	隱藏	保留
• 你討厭的人 • 滋擾你的人 • 廣告帳戶 • 不曾有互動的帳戶	• 很少互動的帳戶 • 會在你帳戶留下煩厭留言但又不想完全割裂的朋友	• 你現實中的好友 • 你的學習對象 • 有豐富及感興趣資訊的專頁

 DAY 5 **留下一句善意的留言**

社交媒體的魅力在於即使天各一方，也能在網上保持互動和留意彼此的消息，也可以從素未謀面的人所發布的內容獲得共鳴和啟發。然而，不少人對於給予一個讚好和留言都十分吝嗇，浪費了社交媒體原有的美意。今天不妨在網上對一位朋友或欣賞的媒體創作者留下善意的留言，表示你的關心和支持。

ACTION ☐ 已完成·日期：

我向 ＿＿＿＿＿＿＿＿ 留下了一則善意的留言。

留言內容：

DAY 6 分享有趣的貼文

社交媒體讓快樂傳遞變得更加便捷，若你在社交媒體上看見一則有趣的貼文，不妨主動分享給一位朋友。你的分享可能為你朋友鬱悶的一天帶來光彩，也可能令你與一位很久沒有見的朋友重拾聯絡。

ACTION ☐ 已完成·日期：

我向 ＿＿＿＿＿＿＿＿＿＿＿＿＿ 分享了一則有趣的貼文。

分享的內容 / 朋友的反應：

 DAY 7 響應一個有意義的網上行動

不同社區、慈善或環保專頁不時會運用社交平台呼籲有利社會的行動，加強公眾對重要議題的關注。這些網上行動不但有趣，也十分有意義。今日試尋找一個你關心的議題，響應相關的網上行動（例如捐款、眾籌、網上約章簽署、轉發健康內容等），將重要資訊和訊息傳遞給身邊人。

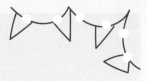

ACTION ☐ 已完成·日期：

① 我響應了的網上行動：

② 我響應的原因：

51 定期電子收納

提到整理時，人們通常只會想到自己居住的空間，可是隨著數碼工具成為生活中重要的一部分，若沒保持良好習慣，電子空間裡隨時累積不少雜物，例如一份計劃書儲存39個版本、手機內儲存數萬張相片、桌面上有過百個未分類檔案、檔案下載後永不刪除等……

電子雜物看似沒佔據多少「現實空間」，但太多檔案不加整理和分類，除了浪費時間及工作效率，還會佔據心理空間，引發不適和焦慮感。無論是現實生活或電子空間，都需要定期整理，今個星期花些少時間為個人手機和電腦進行一場大掃除，務求讓電子空間和心靈都煥然一新！

DAY 1 整理手機應用程式

手機應用程式當中，有多少個是你真的會日常使用，又有多少個只是閒置及早已遺忘？存放過多應用程式於手機主頁面，不但看起來極為雜亂，更會於尋找需要使用的應用程式時造成不便，影響日常使用流暢度。

 ■ 已完成·日期：

試用以下方法整理你的手機應用程式：

- 刪除不曾使用的手機應用程式，往後需要用到時重新下載
- 按功能和使用習慣，將同類應用程式放置於同一檔案夾內
- 較少使用的應用程式可排放於檔案夾較後的位置，甚至將使用紀錄上載至雲端再暫時刪除
- 每逢下載新的應用程式，立即安放到合適位置及刪除不用的

DAY 2 **整理電子郵件**

電子郵件整理涉及為郵件排列優先次序並清除所有不重要的電郵，有助你擺脫混亂，輕鬆地查找重要資訊，以及更有效率地回覆電郵。養成有效的電郵整理習慣，更可提高於職場的工作效率及生產力。

已完成・日期：

試用以下方法整理你的電子郵箱：

- 將所有重要的電郵歸納於不同分類檔案夾
- 定時清除不重要及沒興趣的廣告電郵
- 封鎖特定造成滋擾的電郵地址
- 養成即時回覆重要電郵的習慣，或為需要回覆的電郵加上特別標記與置頂，以便提醒自己

 DAY 3 **整理電子相片**

用手機拍照太方便，內存容量又不斷增加，無需經常刪除照片，但一不留神便累積至過萬張。若不加以分類和篩選，要尋找真正喜歡和值得留念的相片會很費神。從今天起可善用坐車、等電梯的碎片時間，多加整理手機相片庫。

已完成・日期：

- 將手機內相片分類放至不同相簿，檢視起來更方便
- 刪除已沒保留價值的相片，例如太暗和模糊的相片、螢幕截圖、許久前拍給朋友的餐牌、沒意欲回看又已備份的相片等
- 連拍數十張相似構圖照片，可只保留其中一至兩張，其餘刪掉

DAY 4　整理電腦桌面

假如電腦桌面堆滿了雜亂的文件和不必要的應用程式，工作時總是很難即時找到所需的文件，每次都要查找一番，除了影響工作效率，也會容易分心。今天就來整理你的電腦桌面，令你日常使用更方便和流暢。

ACTION　▌已完成·日期：

- ◯ 只留常用的應用程式於桌面
- ◯ 於桌面新建文件夾，將文件分類放置好
- ◯ 每周定時清除桌面上多餘的檔案
- ◯ 可於桌面設置快捷鍵至你常用的文件夾
- ◯ 使用簡潔的桌面背景以便尋找檔案

DAY 5　整理電腦文件

除了電腦桌面，有些朋友的電腦文件夾也是一片狼藉，找需要的文件時像在大海撈針。整理電腦文件同樣能運用過去幾天學過的收納技巧，最重要是找出適合你日常使用的習慣，並持續實踐。今天不妨效法以下建議整理你的文件夾。

ACTION　▌已完成·日期：

- ◯ 檢視現有文件檔，刪除不再需要的檔案
- ◯ 制定特定的文件或文件夾命名形式，如加上日期、標題及數字，以便快速釐清檔案內容及將檔案順序排列

Report　>　220909-Report1

- ◯ 創建整潔的文件夾和子文件夾系統，常見的分類方法可以用：（1）項目、（2）日期或（3）文件類型作分類的基礎

DAY 6 將資料備份至雲端

要維持電腦及手機理想效能，避免超出負荷及影響使用感受，最好不要超過容量七成滿。我們可利用雲端科技，將少用但重要或有紀念價值的檔案及相片備份，不但節省主機的容量，他日轉換電腦和手機也可以輕鬆將資料傳送。

ACTION ☐ 已完成 · 日期：

備份至雲端時的注意事項：

- 善用自動備份功能，以防忘記定期備份
- 手動備份如有損壞可能無法替換的重要照片、影片和文件
- 根據你的工作量和重要性，建議每天或每周備份一次
- 為分散風險，可同時以其他方法備份，如使用硬碟

 DAY 7 整理不再看的專頁及訂閱電郵

人們會一時興起追蹤不少專頁、頻道與電郵廣告，部分在當下對你已無用及提不起興趣的資訊，有機會在不適合的時機彈出，阻撓你尋找真正想看的資訊。今天來一併清空，讓你的追蹤清單和電郵信箱回復整潔。

ACTION ☐ 已完成 · 日期：

建立退訂的標準，例如：

- 三個月沒看及不記得何時追蹤的專頁 / 電子報
- 不重要應用程式或社交媒體的系統通知
- 沒興趣或沒在關心的廣告和優惠推廣

我今天退訂了的專頁或訂閱電郵：

52 注意網絡安全

現代人在生活的各個層面愈來愈依賴網上媒體，網絡成為我們生活密不可分的一部分。隨著科技與元宇宙的發展，我們未來甚至可能同時生活於物理世界和多個虛擬世界，網絡安全意識需要與現實生活中的安全防護措施看齊。

若忽視網絡安全，例如誤信不實訊息、設置的密碼不夠嚴謹、忘了將重要資料備份、輕信不明來歷的網友等，隨時招至可大可小的損失。今個星期藉由鞏固個人網絡安全意識和反思網上資訊真偽，探討自己於網絡世界的身分和定位，讓網絡體驗變得更安全和富有樂趣。

DAY 1 定期更改密碼

你上一次更新網上密碼是甚麼時候？定期更新各個重要網上帳戶的密碼有助減低帳戶被破解和盜用的風險，保護你的個人資料和網上資產。今天試來為重要和高風險的網上戶口（如網上銀行、電郵）更新密碼。

ACTION ■ 已完成·日期：

網上密碼設置貼士：

❶ 每三個月更新一次密碼

❷ 避免所有帳戶使用相同的密碼

❸ 密碼善用大小楷、數字及符號

❹ 避免用名字和生日日期等容易被人知道的資訊，不妨改成易記及對你有獨特意義和鼓勵作用的密碼（例如：EatClean-daily101）

❺ 若怕忘記密碼，可在紙本記錄並放在只有你知道的地方

DAY 2　進行資料外洩測試

平日登入不同網站或應用程式，常要提交個人資料，假如平台有安全漏洞或資料儲存不善，用戶的帳號資訊或會在網絡上被竊取及公開，因此必須留意使用的網站和應用程式是否值得信任，上載私人資料時亦要三思和進行加密。

ACTION　☐ 已完成 · 日期：

進行資料外洩測試（breaching test）：

有些網上工具能檢查個人資料有否在互聯網上對外洩漏，以Firefox Monitor為例，只需在站內輸入你的電郵地址，便可快速搜尋個人資料曾否透過哪些平台外洩。網站亦會提供保障個人資料建議，例如設定獨特而不重複的密碼、更新其他使用相同密碼的網站登入資訊等，有助我們重拾個人資料控制權，避免資料再度外洩。

測試結果紀錄：

 ## DAY 3　清除數碼足印

於網上開啟電郵、瀏覽社交平台、進行網上交易，即使你每次做足登出程序，你的留言、資訊、密碼仍會在互聯網漂流，成為你的數碼足印。今天起建立定時清除數碼足印的習慣，別讓他人有機會輕易獲取你的個人資料。

ACTION　☐ 已完成 · 日期：

清除數碼足印貼士：

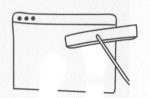

❶ 以無痕形式進行網上瀏覽

❷ 於瀏覽器選項中選擇清除cookies和不保留歷史記錄

❸ 下載免費軟件自動化完成清理數碼足印工作

❹ 避免於不常用的網站註冊會員帳戶

DAY 4 ## 改善通訊軟件私人設定

現時騙徒常利用網上形式進行詐騙，我們經常會在社交媒體和通訊軟件收到來歷不明的訊息，除了無視，也該封鎖及檢舉。今日來翻閱你的過往通訊紀錄，封鎖有可疑的聯絡，並將私隱設定升級，提防陌生人套取你的個人資料。

ACTION ■ **已完成·日期：**

提升通訊軟件私隱設定：

1 收到陌生人的可疑訊息，別單單無視，還要舉報及封鎖

2 將個人頭像、資料和動態瀏覽權限提高，例如只有你儲存的聯絡人才可檢視你的資訊

3 提高群組私隱設定，只有已儲存聯絡人才可以加你入新群組，其他人要先得到你的確認才可加入

 DAY 5 ## 安裝或更新防毒軟件

不少人都會安裝防毒軟件，保護個人資料和提防電腦病毒及黑客。然而隨著網上詐騙手法和病毒設計日新月異，很多人忽略了定期更新防毒軟件及同時為手機和平板電腦安裝防毒軟件的重要性。防毒軟件的重要性等同你家的門鎖，今天便認識與檢視其功能吧！

ACTION ■ **已完成·日期：**

檢測你的防毒軟件有沒有以下功能：

- 封鎖病毒和惡意軟件
- 阻止攝影機窺視
- 迴避偽造網站
- 掃描wifi安全弱點
- 防火牆封鎖黑客
- 保護密碼
- 勒索軟件防護
- 安全獨立執行可疑應用程式

辨別網上資訊的真偽

現時人人都可成為網上資訊作者，導致大量不實資訊的傳播，令人容易被誤導或煽動情緒。每次當我們想分享網上資訊時，要習慣先進行事實查核的程序，別助長錯誤資訊的流傳。今日請以一則網上文章或影片作練習。

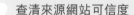 已完成·日期：

今日請以一則網上文章或影片進行事實查核練習：

- 查清來源網站可信度
- 查清創作者的可信度
- 反思自己有沒有偏見的想法影響對觀點判斷力

- 細閱內文，別做標題黨
- 查清日期，是否過時資訊
- 有沒有附加資料和證據去支持內容的可信度

建立網上資訊名單

養成事實查核習慣後，根據你的分析建立有益與無益的網上資訊名單，讓你知道有需要時應該從哪裡尋求資訊。名單可從資訊來源的可信度和會否持續引起你負面情緒作分辨的基準。即使是被分為「有益」或「可信」的資訊，都要定期重新審視資訊質素，更新你的名單。

已完成·日期：

有益 / 可信名單：	無益 / 不可信名單：

整理空間

健康習慣養成之路⋯⋯

覺察 → 動機 → 行動 → 維持

邀請你在這空間整理思緒，儲備動力將最近嘗試的健康行動轉化成持久習慣！

本章介紹了一系列數碼生活的練習，
請記錄你嘗試過的行動。

列出本章中你最喜歡的三個練習，
請説明進行練習後的感覺。

哪些行動是你有興趣但未嘗試的？
你打算何時行動？

哪些行動是你目前沒有興趣嘗試的？
為甚麼？

你覺得在維持數碼健康的最大障礙是甚麼？

你會嘗試將本章節哪些行動融入日常生活中？

你會用哪些方法幫助自己持之以恆地實踐這些良好習慣？

給自己的 **提醒**

參考
資料

References

佛洛姆著，孟祥森譯（2005）。《愛的藝術》。台北：志文出版社。

一行禪師著，吳茵茵譯（2015）。《怎麼吃》。台北：大塊文化。

一行禪師著，張怡沁譯（2016）。《怎麼走》。台北：大塊文化。

山下英子著，蘇聖翔、高詹燦譯（2017）。《斷捨離的簡單生活》。新北市：

一起來出版。

蘇益賢（2018）。《練習不壓抑》。台北：時報文化。

黃瑩瑩（2018）。《情緒字典》。香港：香港青年協會。

黃瑩瑩（2019）。《解憂手冊》。香港：香港青年協會。

羅洛‧梅著，蔡昌雄譯（2019）。《焦慮的意義》。新北市：立緒文化。

愛麗絲‧博耶斯著，劉佳澐譯（2019）。《與焦慮和解：克服過度完美主義、拖延症、害怕批評，從自我檢測中找回生活平衡的實用指南》。台北：高寶。

黃瑩瑩（2021）。《地球好危險——與焦慮共處之道》。香港：香港青年協會。

蘇菲‧莫特著，黃庭敏譯（2021）。《心靈自救手冊：將心理治療帶出治療室！臨床心理學家告訴你如何自我療癒》。台北：商業周刊。

環境保護署（2021）。《香港固體廢物監察報告：2020年的統計數字》。

香港青年協會

(hkfyg.org.hk│m21.hk)

香港青年協會（簡稱青協）於1960年成立，是香港最具規模的青年服務機構。隨著社會瞬息萬變，青年所面對的機遇和挑戰時有不同，而青協一直不離不棄，關愛青年並陪伴他們一同成長。本著以青年為本的精神，我們透過專業服務和多元化活動，培育年青一代發揮潛能，為社會貢獻所長。至今每年使用我們服務的人次接近600萬。在社會各界支持下，我們全港設有90多個服務單位，全面支援青年人的需要，並提供學習、交流和發揮創意的平台。此外，青協登記會員人數已達50萬；而為推動青年發揮互助精神、實踐公民責任的青年義工網絡，亦有超過25萬登記義工。在「青協•有您需要」的信念下，我們致力拓展12項核心服務，全面回應青年的需要，並為他們提供適切服務，包括：青年空間、M21媒體服務、就業支援、邊青服務、輔導服務、家長服務、領袖培訓、義工服務、教育服務、創意交流、文康體藝及研究出版。

e·Giving
青協網上捐款平台
giving.hkfyg.org.hk

好治癒 Whole Wellness

由香港青年協會全健空間策劃的「好治癒Whole Wellness」社交平台，運用風格治癒的文章、圖像與影片，推廣多元全健生活理念，在社會營造身心靈健康的氛圍。

好治癒專頁鼓勵大眾在日常生活中照顧個人健康，兼顧身體、情緒、社交、知性和靈性的平衡發展，亦會舉辦主題式線上活動如「斷捨離21日挑戰」及「愛情研習課」，每日發布簡單任務與貼士，讓青年建立可持續的全健生活習慣。

歡迎追蹤我們接收最新全健資訊

 hkfygwholewellness

情緒健康教材推介

情緒字典

《情緒字典》圖文並茂介紹50個情緒感受詞彙，包括產生原因、身心反應及應對之道，鼓勵大眾覺察、表達和管理自己的情緒。

《情緒字典》桌上遊戲卡包含50張情緒名詞卡，配以25種玩法，適用於自我認識、人際溝通、親子互動、情緒教育、輔導、消閒娛樂等多種用途。

解憂手冊

《解憂手冊》為《情緒字典》之姊妹作，羅列40條解憂之道，包括覺察、表達和調適情緒的方法，讓讀者學習善待自己，保持身心平衡；亦為受情緒困擾人士的同行者提供支援建議，引導他們關顧身邊人的同時好好照顧自己。

地球好危險──與焦慮共處之道

解構40種日常焦慮情境，包括上學焦慮、考試焦慮、知識焦慮、社交焦慮、罹病焦慮與死亡焦慮等。每篇文章最後均設「療癒空間」，助讀者透過多元練習檢測個人情緒狀態和學習放鬆身心。

書籍介紹及試閱
wmc.hkfyg.org.hk/books

好治癒365日全健行動手冊

出版	：	香港青年協會
訂購及查詢	：	香港北角百福道21號
		香港青年協會大廈21樓
		專業叢書統籌組
電話	：	(852) 3755 7108
傳真	：	(852) 3755 7155
電郵	：	cps@hkfyg.org.hk
網頁	：	hkfyg.org.hk
網上書店	：	books.hkfyg.org.hk
M21網台	：	M21.hk
版次	：	二零二二年九月初版
國際書號	：	978-988-76279-6-8
定價	：	港幣120元
顧問	：	何永昌
督印	：	徐小曼
執行編輯	：	周若琦
作者	：	黃瑩瑩、黃尹亭
設計及排版	：	loka
製作及承印	：	宏亞印務有限公司

365 Days of Whole Wellness

Publisher	：	The Hong Kong Federation of Youth Groups
		21/F, The Hong Kong Federation of Youth Groups Building,
		21 Pak Fuk Road, North Point, Hong Kong
Printer	：	Asia One Printing Limited
Price	：	HK$120
ISBN	：	978-988-76279-6-8

青協App
立即下載